U0299981

内蒙古自治区高等学校科学研究项目（NJZY20111）
内蒙古民族大学博士科研启动基金项目（BS419）

旋毛虫不同发育期关键抗原基因克隆及其对猪的保护作用研究

徐 静◎著

黑龙江大学出版社
HEILONGJIANG UNIVERSITY PRESS
哈尔滨

图书在版编目（CIP）数据

旋毛虫不同发育期关键抗原基因克隆及其对猪的保护
作用研究 / 徐静著. -- 哈尔滨 ： 黑龙江大学出版社，
2024.4
　ISBN 978-7-5686-1150-3

　Ⅰ．①旋… Ⅱ．①徐… Ⅲ．①猪病－旋毛虫病－研究
Ⅳ．①S858.28

中国国家版本馆 CIP 数据核字 (2024) 第 087467 号

旋毛虫不同发育期关键抗原基因克隆及其对猪的保护作用研究
XUANMAOCHONG BUTONG FAYUQI GUANJIAN KANGYUAN JIYIN KELONG JI QI
DUI ZHU DE BAOHU ZUOYONG YANJIU
徐　静　著

责任编辑　　高　媛　梁露文
出版发行　　黑龙江大学出版社
地　　址　　哈尔滨市南岗区学府三道街 36 号
印　　刷　　天津创先河普业印刷有限公司
开　　本　　720 毫米 ×1000 毫米　1/16
印　　张　　8.75
字　　数　　148 千
版　　次　　2024 年 4 月第 1 版
印　　次　　2024 年 4 月第 1 次印刷
书　　号　　ISBN 978-7-5686-1150-3
定　　价　　35.00 元

本书如有印装错误请与本社联系更换，联系电话：0451-86608666。

前　　言

旋毛虫病(Trichinosis)是由旋毛虫引发的一种全球性分布的食源性人兽共患寄生虫病。人们通过摄取感染旋毛虫肌幼虫的肉类而患病,旋毛虫在野生动物和家养动物中均可传播。由于饮食和烹饪习惯的改变以及肉类消费量的增加,该病在世界部分地区已成为一种再现传染病。这不仅给公共健康和食品安全造成严重威胁,也给动物养殖业带来严重的问题。尽管公共卫生措施,如流行病学监管、充分的市场管理以及严格的农场执行,可以在很大程度上控制旋毛虫病,但在一些国家,由于经济原因,这些措施无法彻底贯彻落实。此外,近些年出现了寄生虫对传统抗蠕虫药物的耐药现象,这也迫使人们需要尽快采取新的措施来控制这种传染病。

开发有效的疫苗是阻止家养动物和人类感染此病的理想措施。在兽医领域,发展疫苗来控制旋毛虫病是一个很有希望和吸引人的方法。猪肉作为消费肉食品,其卫生安全问题尤为重要,尽管旋毛虫疫苗研究取得了很多有意义的进展,但其中相当一部分实验是在旋毛虫感染小鼠模型中进行的,以猪作为实验动物开展疫苗研究的报道较少。

猪具有特殊的免疫系统解剖学特点,其淋巴细胞招募途径也与小鼠存在很大差别。因此,以猪作为实验动物开展旋毛虫疫苗研究具有深远意义。弱化处理的旋毛虫幼虫、肌幼虫虫体粗提物、排泄分泌物(ES)都曾被作为抗原进行深入研究。这些抗原虽表现出较高的保护力,但均建立在大量培养寄生虫的基础上,而寄生虫的培养需要饲养实验动物来获得,费时且资金消耗较大,浪费人力物力,因而限制了其推广。基因工程疫苗是目前疫苗研究的主流方向,具有很大的研发空间,能够弥补上述虫体来源相关的疫苗的不足,更适合于临床应用。

但目前该疫苗保护力不及虫体或 ES 抗原疫苗,这可能是多方面原因造成的。蠕虫是复杂的生命体,其生活史复杂,往往经历多个发育时期,虫体表面抗原和 ES 成分在各个时期不断变化。此外,研究发现蠕虫可以调节宿主的免疫应答,具有巧妙的免疫逃避机制。基因工程疫苗往往只是一种或几种抗原的组合,涵盖的抗原成分不够全面,且基因工程疫苗所使用的抗原成分与天然的抗原存在结构差异,这些都将导致基因工程疫苗的效果不及虫体来源的抗原制作的疫苗。

为了最大程度发挥基因工程疫苗的优点,尽量弥补其不足,需要从筛选更多关键的抗原分子、改进表达技术、优化佐剂等多个方面着手研发更高效的旋毛虫疫苗。本书将旋毛虫感染小鼠模型中表现出一定保护性的 7 种抗原基因在猪感染模型中进行保护性评估,着重分析了不同重组蛋白免疫后对实验动物天然免疫系统和获得性免疫应答的影响,从中筛选出保护性较好的抗原基因用于旋毛虫疫苗的研究。

目　录

第1章　旋毛虫病流行性分析及疫苗研究进展 ……………………… 1

　1.1　旋毛虫的感染与分布 ……………………………………… 3

　1.2　旋毛虫疫苗的研究成果及现状 …………………………… 5

　1.3　旋毛虫疫苗的瓶颈 ………………………………………… 8

　1.4　旋毛虫疫苗研究新思路 …………………………………… 8

　1.5　研究前景及展望 …………………………………………… 12

第2章　旋毛虫新生幼虫体外培养及其特异性丝氨酸蛋白酶研究进展 …… 13

　2.1　旋毛虫新生幼虫体外培养的探索 ………………………… 15

　2.2　新生幼虫期特异性表达基因 $Ts-T668$ 的研究进展 ……… 18

　2.3　新生幼虫期特异性表达基因研究的意义及前景 ………… 19

第3章　疫苗佐剂的筛选 …………………………………………… 21

　3.1　材料 ………………………………………………………… 23

　3.2　方法 ………………………………………………………… 24

　3.3　结果 ………………………………………………………… 31

　3.4　讨论 ………………………………………………………… 38

　3.5　小结 ………………………………………………………… 39

第4章　旋毛虫重组蛋白抗原的制备及其对猪的免疫保护性分析 ……… 41

　4.1　材料 ………………………………………………………… 44

4.2　方法　···　45

4.3　结果　···　50

4.4　讨论　···　59

4.5　小结　···　60

第5章　重组蛋白抗原诱导猪的保护性免疫应答水平分析　·············　61

5.1　材料　···　63

5.2　方法　···　64

5.3　结果　···　68

5.4　讨论　···　108

5.5　小结　···　111

附　录　···　113

参考文献　···　117

第 1 章　旋毛虫病流行性分析及疫苗研究进展

旋毛虫是一种寄生在哺乳动物、鸟类和爬行动物细胞内的线虫,是导致人类旋毛虫病的食源性人兽共患病原体,在家畜和野生动物中呈全球分布。旋毛虫成虫(AD)在宿主的肠道内发展迅速,其第一期幼虫(L1)则主要寄生在肌肉组织中。野生和家养动物通过食用感染 L1 的肉类传播旋毛虫。这些传播途径对消费猪肉的人构成了显著的公共健康风险。

旋毛虫病不仅威胁公共健康,也给动物养殖业和食品安全带来严重的问题。尽管公共卫生措施,例如流行病学监控、充分的市场管理和严格的农场管理可以控制旋毛虫病,然而在一些国家,由于经济原因,无法彻底贯彻落实这些措施。此外,近些年出现了寄生虫对传统抗蠕虫药产生耐药性的现象,这也迫使人们尽快采取新的措施来控制这种传染病。开发有效的疫苗是阻止家养动物和人类感染此病的理想措施。在兽医领域发展疫苗来控制旋毛虫病更是充满希望且十分吸引人的方法。

1.1　旋毛虫的感染与分布

1.1.1　旋毛虫的分类

旋毛虫属有 12 种基因型(T1–T12)被确定,其中 8 种是目前公认的清晰物种。物种名称是基于多种因素确定的,包括肌幼虫有无包囊、地理分布、耐冻能力、生殖能力、宿主特异性以及生化和分子特征等。保姆细胞有囊膜包被的种包括 *T. spiralis*(T1)、*T. nativa*(T2)、*T. britovi*(T3)、*T. murrelli*(T5)和 *T. nelsoni*(T7)。无囊膜包被的种包括 *T. pseudospiralis*(T4)、*T. papuae*(T10)和 *T. zimbabwensis*(T11)。目前,有囊膜包被的基因型 T6、T8、T9 和 T12 的种类地位还未确定。包囊的有无是指肌肉中的旋毛虫幼虫寄生的保姆细胞是否被胶原壁包裹。不同的旋毛虫种或基因型之间的生物学特性、免疫学特性和易感性等均存在差异。

1.1.2　北美地区旋毛虫的流行及分布

大多数旋毛虫属具有不同的地理分布和宿主偏好,前者受等温线影响。然而,T1 和 T4 被认为呈世界性分布。在北美大部分地区的家养猪中,旋毛虫实际上已被消灭。仅有两例伪旋毛虫在北美大陆的报道,而在加拿大尚未有发生的记录。T2 是在北美新北区北极和亚北地区的野生宿主体内发现的,常见于熊、北极狐、狼、海象和其他食肉动物中。T5 目前仅存在于美国的一些地方,而 T6 已经在加拿大和美国的一些地区被发现。

一项对加拿大野生食肉动物的调查确定了旋毛虫的患病率和基因型。从 15 种宿主共 1 409 头动物获得的肌肉样品中,经酶消化后复苏旋毛虫幼虫。其中,共有 287 头动物体内幼虫被复苏,PCR 鉴定出 4 种旋毛虫基因型。在 5 种宿主体内发现了 T2,这是最常见的基因型。旋毛虫 T6 存在于 7 种食肉动物中,狼和獾是这种基因型新的宿主记录。从美洲狮体内发现旋毛虫 T4 和 T5,是这两个虫种在加拿大和美洲狮体内的第一次记录。美洲狮还是体内同时存在以上 4 个旋毛虫基因型(T2、T4、T5、T6)的唯一物种。在这项研究中,黑熊和海象组织内幼虫水平最高,也是加拿大境内与人体旋毛虫病联系最密切的物种。这项工作确定了北美地区 4 种基因型旋毛虫额外的宿主和扩大的地理范围。这项研究的数据证明,在加拿大北极和亚北极地区的许多野生哺乳动物中,旋毛虫地理分布广泛。

1.1.3 欧洲地区旋毛虫的流行与分布

在欧洲,主要有 4 种旋毛虫(T1、T2、T3 和 T4)流行传播,其中 T3 是意大利特有的种类,主要局限于野生食肉类哺乳动物。伪旋毛虫是一个世界性物种,属于旋毛虫无包囊分支,幼虫周围缺少厚的胶原蛋白囊。这个种可以感染哺乳动物和鸟类,能够在 37~40 ℃ 的体温中完成其生活史。在欧洲,伪旋毛虫广泛存在于野生动物(如夜鹰、野猪、貂、红狐)中,也被报道存在于家猪和家鼠中,这代表了人类感染的潜在来源。然而,此种的出现率比有包囊物种的出现率低,伪旋毛虫存在于哺乳动物的报道数量远远高于其存在于鸟类的报道数量。这可能是因为与哺乳动物相比,鸟类的调查数量有限。旋毛虫在欧洲野猪中的存在地被记录在案的有保加利亚、法国、德国、荷兰和瑞典。目前的研究表明伪旋毛虫正在意大利野生动物中传播,包括被一些人消费的野猪,并且这与伪旋毛虫在欧盟成员国和其他国家家养和野生猪的报道增多是一致的。伪旋毛虫对人类健康是一个潜在的威胁,因为其宿主范围广泛,包括家养和野生动物,并且其对人类有致病性。来自欧洲的流行病学数据显示,相比于食肉动物,伪旋毛虫更适应猪(家养和野生)体内的环境。由于意大利和其他欧洲国家野猪数量呈指数增长趋势,且其存在可能感染旋毛虫的风险,出于食物安全和人类健康考虑,人们需要一种系统的肉类检验方法。在野生物种聚居地实施旋毛虫监控计划也是因为其和食品安全、人类健康有关。

1.1.4　中国旋毛虫的流行及分布

在中国,动物感染旋毛虫较为普遍。因为地域辽阔、气候复杂、野生动物种类繁多,狐狸、熊、野猪、鼬鼠、貉、鼠类等野生动物都曾有过旋毛虫感染的记录。中国主要流行两种旋毛虫(T1 和 T2),从中国中部地区和东北地区的猪体内仅分离到旋毛虫 T1,从中国东北两个省的犬体内仅分离到旋毛虫 T2。然而,这不能排除在中国的温热带地区可能存在其他旋毛虫虫种,如 T3、T4 和 T10,因为这些虫种在日本和泰国曾经被检出。

旋毛虫病作为中国最常见的 6 种食源性寄生虫病之一,不仅对人和动物的健康造成威胁,还会对经济发展造成巨大损失。我国每年要投入经费用于旋毛虫病的检测和控制。

人们采取了各种农场级控制方案、检验制度、食品加工方法和教育措施来防止人类感染旋毛虫。控制策略的发展需要深入了解旋毛虫知识,包括其生物学、流行病学、种类和宿主分布。

1.2　旋毛虫疫苗的研究成果及现状

1.2.1　虫体来源疫苗

过去人们已经做出了很多努力来研究旋毛虫疫苗,包括紫外照射弱化处理的幼虫、旋毛虫 T1 肌幼虫粗提物,以及肌幼虫的 ES 等,都曾被作为抗原进行深入研究。例如,给大鼠和猪分别使用肌肉注射和填喂旋毛虫 T2 作为疫苗免疫,结果发现免疫了这个虫种后的大鼠和猪,无论是否接受旋毛虫 T1 的攻虫实验,其体内的肌幼虫数量都非常少,以至于可以忽略不计。而未经这种免疫的大鼠和猪在接受同等数量的旋毛虫 T1 攻虫实验时,则发生了数量显著的旋毛虫感染和肌幼虫负荷。高剂量的旋毛虫 T2 作为疫苗来免疫猪,可实现猪对旋毛虫 T1 的完全保护。实验也发现,使用高剂量的虫种 T2 免疫大鼠和猪时,存在少量的肌幼虫检出,这说明该虫种对大鼠和猪的感染性较低。

MARTI 等人研究了给猪免疫经反复冻融处理的旋毛虫 T1 新生幼虫(NBL)全蛋白抗原的效果。他们发现该抗原与弗氏完全佐剂(FCA)混合后可在猪体内表现出 78% 的减虫率,相比之下,使用肌幼虫 ES 抗原免疫的猪仅能达到 40% 的减虫率。此外,对反复冻融处理后的新生幼虫进行超声溶解处理,并通过离心分别收集了可溶和不可溶的抗原部分进行免疫接种。实验结果显示,接种反复冻融处理后的新生幼虫全蛋白的猪达到了 88.2% 的减虫率,而接种不可溶抗原部分的猪则表现出 85.5% 的减虫率,但接种可溶性抗原的猪则没有显示出任何减虫效果。对抗原进行电泳分析进一步证实,超声溶解法无法有效溶解大分子量的抗原分子。以上结果说明,新生幼虫抗原对猪有较高的保护力,但要将其作为抗原开发疫苗,则需要大规模地制备新生幼虫,以及研究更有效的抗原溶解方法。

总之,虫体来源的抗原往往会表现出较高的保护力,但是也存在一些不足之处。虫体疫苗或者虫体 ES 抗原疫苗均需要培养大量的寄生虫,而寄生虫的繁殖需要在实验动物体内进行。因此,通过饲养实验动物来获得大量虫体,费时且资金消耗较大,浪费人力物力,不适合推广应用。

1.2.2　基因工程疫苗

研究人员开发了合成小肽,并使用不同的旋毛虫肌幼虫抗原来构建 DNA 疫苗或者重组蛋白疫苗,这些疫苗大都展现出部分的抗旋毛虫保护力。

DNA 疫苗可以诱导强烈的、持续长时间的体液免疫和细胞介导的免疫应答,且无需加强免疫,其效果类似于活疫苗,同时不存在引发感染的风险。此外,DNA 疫苗引发的强烈免疫应答不仅依赖于其表达的抗原,还因为 DNA 分子本身能够作为一种佐剂来增强免疫应答。有文献指出,当短的 DNA 序列中包含未被甲基化的 CpG 二核苷酸时,在特殊环境下,其能直接刺激免疫活性细胞,如巨噬细胞、B 淋巴细胞、单核细胞、树突状细胞等。这个免疫刺激基序(motifs)被称为 CpG-S motifs;相反,CpG-N motifs 则是用于中和和阻断 CpG-S motifs 激活免疫的基序。

DNA 疫苗的安全性一直是人们关注的焦点,但研究发现,质粒 DNA 整合进入宿主基因组的可能性极小,由此引发的插入突变风险非常低,为自然突变发生率的千分之一。尽管这种潜在的危险在人类身上应用时仍需要慎重考虑,但对于家养和野生动物,由于其生命周期相对较短,因此无需过分担忧。理论上,任何来自病原的蛋白基因均可用于构建 DNA 疫苗。然而,来源于低等寄生虫的基因的密码子可能无法像病毒基因那样,在宿主细胞内利用细胞机器正常表达。此外,直接肌肉注射的 DNA 疫苗存在吸收率低的问题,因此需要借助基因枪等方法进行注射,这在一定程度上影响了 DNA 疫苗的推广应用。为此,一些重组减毒胞内寄生菌被研发改造作为 DNA 疫苗的载体,如减毒沙门氏菌。这些载体可以通过黏膜感染的方式向体内运送 DNA 疫苗。

有文献报道,旋毛虫的 Nudix 水解酶基因插入到 pcDNA3.1 质粒载体,之后包装入减毒沙门氏菌(ΔcyaSL1344 株)。将这种重组菌口服免疫小鼠后,诱导了显著的局部黏膜 IgA 应答和全身的 Th1/Th2 混合免疫应答,以及 73.32% 的成虫减虫率和 49.5% 的肌幼虫减虫率。

Tang 等人利用旋毛虫的两种基因构建了 DNA 疫苗:一种为细胞因子类似物——巨噬细胞迁移抑制因子(mif);另一种为蛋白酶抑制剂——半胱氨酸富含区域蛋白 1(MCD-1)。以这两种基因构建的共表达质粒 pVAX1-Tsmif-Tsmcd-1 通过肌肉注射免疫 BALB/c 小鼠,诱导产生了 Th1 免疫应答,并表现出 23.17% 的肌幼虫减虫率。

Yang 等人构建的 DNA 疫苗 pVAX1-Ts87 被转入弱化处理的鼠伤寒沙门氏菌(SL7207)内,小鼠口服后,诱导了 Th1/Th2 免疫平衡以及 IgA 的持续表达,成虫减虫率为 29.8%,肌幼虫减虫率为 34.2%。我们构建的 DNA 疫苗 pcDNA3.1(+)-Ts-T668,通过肌肉注射法接种小鼠,诱导产生了 Th1 占优势的 Th1/Th2 混合型免疫应答,展现出 77.93% 的肌幼虫减虫率。

旋毛虫 ES 产物中富含多种蛋白酶,这些蛋白酶具有调节宿主免疫应答以及参与寄生虫侵袭等多种功能,因此越来越被视为研发疫苗的候选抗原。

Feng 等人利用旋毛虫成虫期丝氨酸蛋白酶基因构建了重组蛋白,在 BALB/c 小鼠实验中,诱导产生了 Th2 占优势的 Th1/Th2 免疫应答,并表现出 46.5% 的肌幼虫减虫率。

基因工程疫苗解决了传统虫体来源疫苗的一些不足,但目前其保护力尚不及虫体或 ES 抗原疫苗,这可能由多方面原因造成。接下来的内容将分析基因工程疫苗存在的不足及原因。应当说明的是,虽然存在不足,但基因工程疫苗仍然是当前疫苗研究的主流方向,且具有很大的研发潜力。

1.3 旋毛虫疫苗的瓶颈

蠕虫疫苗研究面临的主要难题有两个。首先,与细菌、病毒相比,蠕虫是更复杂的生命体。其生活史复杂,往往经历多个发育时期,虫体表面抗原和 ES 成分在各个时期不断变化。其次,蠕虫具有巧妙的免疫逃避机制。它们可以通过调节宿主的免疫应答,使免疫应答朝向有利于寄生虫自身存活的方向。因此,研究旋毛虫疫苗的一个重要前提是尽可能多地了解旋毛虫的生命特性和免疫逃避机制。

根据文献总结不难看出,重组的、纯化的以及合成的抗原的免疫原性要低于活疫苗或者灭活的虫体疫苗,这主要有两方面的原因。一方面,活的或者灭活的虫体作为疫苗包含有较全面的抗原成分,符合蠕虫抗原复杂多样的特点,而基因工程疫苗往往只是一种或几种抗原的组合,涵盖的抗原成分不够充分和全面。另一方面,基因工程疫苗制备的重组蛋白、合成的小肽,或者构建的 DNA 疫苗,与天然的抗原存在一定的结构差异。

尽管存在以上不足之处,基因工程疫苗的优势仍然不容忽视,因为它们更适合临床应用。相信通过不断的研究和技术改进,找出更多关键的抗原分子,改进表达技术,优化佐剂的应用,安全、高效的旋毛虫疫苗是完全可以研发成功的。

1.4 旋毛虫疫苗研究新思路

为了推动旋毛虫疫苗研究进展,提高疫苗的保护率和实用性,研究人员探索了众多新的研究思路。这些思路主要包括改善疫苗载体、筛选新型佐剂、寻找高效抗原等。此外,由于寄生虫感染可以严重抑制宿主的免疫机制,特异性免疫和非特异性免疫抑制是寄生虫在长期进化过程中以及与宿主相互影响的过程中所形成的一种逃避宿主免疫应答的机制,从而使其能在宿主体内长期寄生。旋毛虫就是能够引起宿主免疫抑制的典型虫种。加强对旋毛虫免疫抑制机制的理解,无疑可以帮助我们更有针对性地设计疫苗,以应对旋毛虫感染。

1.4.1　新型载体探索

与合成肽以及肽偶联蛋白相比,噬菌体展示疫苗制作简便,且不需要佐剂,展现出良好的研究和应用前景。崔晶等人利用噬菌体展示了旋毛虫抗原Tsp10,该抗原可被 ES 免疫血清识别。另外,Tsp10 肽制备的抗血清也能与天然的 Tsp10 反应,且定位在旋毛虫杆状体上,这说明噬菌体展示的 Tsp10 小肽具有天然的构象和抗原特性。这种噬菌体展示疫苗在小鼠体内诱导产生了 Th2 占主导的 Th1/Th2 混合免疫应答,展现出 78.6% 的肌幼虫减虫率。

最近的研究表明,减毒沙门氏菌是一种通过口服给药携带异源抗原的有效载体系统,能够引起持久的黏膜和全身免疫应答。作为活载体的减毒沙门氏菌可通过口服或鼻腔给药,并模仿肠黏膜自然感染沙门氏菌的过程。此外,减毒沙门氏菌还可以诱导细胞因子和促炎介质的分泌,增强早期先天免疫,创造有利于抗原呈递的局部环境。总之,以作为活载体的减毒沙门氏菌为基础的疫苗系统是最有前途的诱导肠道免疫保护的技术之一。减毒沙门氏菌已被应用于多种疫苗的研究。研究人员成功地利用重组沙门氏菌(SL3261)作为载体,将旋毛虫抗原 T1gp43 的 30 聚小肽与 3 个重复的 P28 分子佐剂进行了融合表达。这种改造后的沙门氏菌可以分泌表达该融合蛋白,并作为疫苗应用于实验,结果显示其达到了对肠道期旋毛虫 92.8% 的减虫率。这一成果相比于改造前只能将融合蛋白表达于沙门氏菌表面的疫苗,显著提高了减虫率。这种疫苗也是通过诱导 Th2 占主导的 Th1/Th2 混合免疫应答来发挥作用的。

1.4.2　新型佐剂的比较

很多研究发现佐剂具有调节免疫应答的能力,疫苗中使用不同的佐剂能够在一定程度上决定免疫应答的类型。为了开发高效且安全的疫苗,选择适当的佐剂十分重要。对于重组蛋白抗原、虫体纯化产物抗原或者合成小肽抗原,这些抗原的免疫原性普遍低于灭活疫苗,因此使用强有力的、安全的佐剂对于增强免疫应答和促进产生抗寄生虫的保护性免疫是十分必要的。此外,未来通过设计佐剂还有可能提升宿主的固有免疫应答水平。

弗氏完全及不完全佐剂(FCA/FIA)被认为是佐剂的金标准,它们曾被应用于许多旋毛虫疫苗的研究。使用弗氏佐剂的旋毛虫粗抗原或者小肽疫苗实现了抗旋毛虫的完全成功。旋毛虫新生幼虫添加弗氏佐剂后免疫猪,也表现出较好的保护性。然而,由于弗氏佐剂的高毒性及其对肉制品品质的不良影响,它仅被允许应用于实验研究,而不被批准应用于动物临床疫苗。

Montanide ISA 系列佐剂是油包水乳佐剂,在旋毛虫疫苗研究中表现出较好的效果。在一项使用重组的旋毛虫副肌球蛋白作为抗原的疫苗研究中,研究者比较了 ISA 系列的两种佐剂(ISA720 和 ISA206)与弗氏佐剂在诱导免疫应答和保护力方面的能力。副肌球蛋白是决定肌丝长度和稳定性的关键蛋白,它是一种二聚体纤维蛋白,仅存在于非脊椎动物中,如扁形虫和线虫。脊椎动物体内不存在此蛋白。该蛋白已被 WHO 推荐为血吸虫病疫苗的候选抗原。ISA720是油包水佐剂,而 ISA206 则是水包油包水(W/O/W)佐剂。研究结果显示,这两种新型佐剂的表现与传统的弗氏佐剂相当,因此它们均可作为弗氏佐剂的替代佐剂应用于旋毛虫疫苗中。

此外,在另一项使用旋毛虫肌幼虫可溶性抗原的研究中,研究者比较了ISA70、Montanide IMS1312 和 ALOH 这 3 种佐剂的效果。结果显示,ISA70(一种油包水佐剂)表现最优。对新型佐剂进行比较和评估,也是旋毛虫疫苗研究中一个非常重要的领域。

1.4.3　筛选高效抗原

最新对全球一些主要寄生虫的基因组进行的深入研究,揭示了寄生虫疾病致病机制的一些关键因素。鉴定出的主要毒力因素中,包含了寄生虫所派生的蛋白酶。这些蛋白酶在寄生虫疾病致病机制中发挥重要作用,包括在寄生虫迁移通过组织屏障时发挥侵入作用,或者参与免疫逃避和免疫调节。人们从寄生虫的分泌物中鉴定出了强效的蛋白水解酶类,如半胱氨酸蛋白酶、丝氨酸蛋白酶以及非金属蛋白酶类。研究人员通过研究蠕虫多种功能蛋白,发现了很多与寄生虫的侵袭、存活以及免疫逃避、免疫调节有关的蛋白,其中很多为蛋白酶抑制剂和蛋白酶。线虫的丝氨酸蛋白酶抑制剂被发现可能参与了寄生虫抵抗宿主蛋白酶消化和抑制宿主免疫应答的过程。旋毛虫丝氨酸蛋白酶抑制剂被发现存在于旋毛虫多个发育时期,且均能够抑制丝氨酸蛋白酶活性,因此丝氨酸蛋白酶抑制剂很可能是参与旋毛虫 T1 侵袭和寄生的重要蛋白质分子。研究人员还发现一种丝氨酸蛋白酶的抗体不仅能够抑制丝氨酸蛋白酶的活性,还可以抑制寄生虫对宿主的侵袭。这提示参与寄生虫侵袭和寄生的重要的蛋白酶和蛋白酶抑制剂可作为一种很有潜力的疫苗抗原被研发。

一项利用旋毛虫阳性感染血清对旋毛虫新生幼虫期 cDNA 文库进行的免疫筛选实验,鉴定出了一种新生幼虫期的特异性丝氨酸蛋白酶基因(NBL1)。该基因包括两个特征区域,即催化区域和 C-末端区域。通过截断变体对表位进行分析发现,NBL1 的 C-末端是主要的免疫显性区域。由于 C-末端较高的免疫原性,研究人员推测在新生幼虫入侵宿主的过程中,C-末端很可能转移了宿主针对 NBL1 功能区的免疫应答,从而有助于新生幼虫侵袭宿主。此外,NBL1 在旋毛虫早期感染检测以及在抗旋毛虫感染猪的免疫保护性实验中,均表现出很大的潜力。

谷胱甘肽-S-转移酶(GST)是一个在哺乳动物体内催化解毒反应的多功能酶家族。研究表明,从血吸虫、丝虫、钩虫(犬钩虫和美洲钩虫)中筛选到的 GST能够诱导保护性免疫反应。血吸虫 GST28 已经成功地发展成为一个抗曼氏血吸虫和牛血吸虫感染的疫苗。该疫苗能够成功的原因可能是接种该疫苗后产生的抗体中和了寄生虫本身 GST 的活性。来自美洲钩虫的 Na-GST-1 正在被用于研发一种领先的钩虫疫苗,目前正在美国和巴西的健康志愿者身上进行 I 期临床试验。因此,GST 很可能是影响宿主体内寄生虫存活的关键蛋白质,将可能成为预防寄生虫感染的疫苗研究的潜在目标。旋毛虫 GST 重组蛋白抗原构建的疫苗在小鼠感染模型中表现出 35.71% 的旋毛虫成虫减虫率和 38.55% 的肌幼虫减虫率。该重组蛋白免疫小鼠后诱导产生了 Th2 占优势的 Th1/Th2 混合免疫应答。

总之,成分单一的疫苗尚不能提供足够的保护来抵御旋毛虫感染,需要更多的努力来识别抗原,利用旋毛虫感染血清筛选保护性抗原是一个切实可行的方法。

1.5　研究前景及展望

旋毛虫病不仅危害公众健康,也严重影响家畜(如猪)生产和食品安全。家畜及野生动物的广泛分布使得预防和控制旋毛虫病变得异常困难。疫苗作为应对传染病的关键工具,对于维持动物的健康及畜牧业生产具有至关重要的作用。

传统疫苗虽然通过反复试验取得了诸多成功,但也存在不容忽视的缺陷与不足。基因组学和蛋白组学为人类提供了强有力的研究手段,可用于阐述保护性免疫的调节机制和原理,为我们提供了新的机会将免疫学的研究成果转化为安全有效的疫苗。因此,开发疫苗以预防旋毛虫感染成了一个极具吸引力且前景广阔的防控此类人兽共患病的方法。

基因工程疫苗将继续作为旋毛虫疫苗研究的主要方向,其中高效抗原的筛选将持续成为研究的关键环节。同时,对新型疫苗载体的开发、对已有疫苗载体的改进以及新佐剂的评估,也必将成为相关研究领域的热点。此外,深入探究旋毛虫和宿主之间相互作用的关系,将为疫苗的研制提供宝贵的数据支持和科学指导。

第 2 章　旋毛虫新生幼虫体外培养及其特异性丝氨酸蛋白酶研究进展

新生幼虫阶段是旋毛虫生长发育的关键时期。因为该时期的旋毛虫缺乏包囊的保护,极易暴露于宿主的免疫系统。因此,有必要着重研究旋毛虫新生幼虫阶段抗原的生物学活性及其免疫保护作用机制。旋毛虫新生幼虫期特异性表达的丝氨酸蛋白酶基因($Ts-T668$),是从旋毛虫 T1 新生幼虫 cDNA 文库中筛选得到的抗原基因。该基因在旋毛虫感染早期检测中具有较大的潜力,但其在旋毛虫体内的具体功能尚不清楚。

实际上,在旋毛虫的不同发育阶段已鉴定出多种丝氨酸蛋白酶。实验证明,这些丝氨酸蛋白酶主要存在于旋毛虫的 ES 中,或者存在于虫体的粗提蛋白中。这些丝氨酸蛋白酶中,多数与旋毛虫的存活或者感染能力有关。此外,有文献报道丝氨酸蛋白酶参与寄生虫的生殖和逃避宿主免疫系统的过程。进一步,有研究发现特异性抗体能够抑制丝氨酸蛋白酶的活性,进而可能抑制寄生虫对易感宿主的侵袭。

本章重点讨论了体外培养的旋毛虫新生幼虫对成肌细胞增殖的调节作用,并梳理和分析了针对新生幼虫期特异性表达基因 $Ts-T668$ 所开展的一系列研究中初步取得的结果。

2.1　旋毛虫新生幼虫体外培养的探索

2.1.1　体外培养新生幼虫的生长曲线及活力检测

取一只感染旋毛虫 T1 60 天(60 dpi)的小鼠,通过颈椎脱臼法处死小鼠,随后采用胃蛋白酶消化法收集旋毛虫肌幼虫。之后,使用这些肌幼虫灌胃感染 5 只 Wistar 大鼠,每只大鼠灌胃 5 000 条肌幼虫。6 天后,同样采用颈椎脱臼法处死大鼠,取小肠纵切,用含青霉素 200 单位每毫升、链霉素 200 单位每毫升的灭菌生理盐水冲洗 2 次。之后,将小肠悬挂于含有 1 L 的 37 ℃预热生理盐水的大烧杯中,置于 37 ℃恒温箱中,静置 2 h。小心用注射器弃去大部分上清液,仅留底层约 100 mL 液体。将这些混悬液转移至直径为 15 cm 的大平皿中,利用注射器注入灭菌生理盐水(含青霉素 200 单位每毫升,链霉素 200 单位每毫升)反复冲洗,并用注射器弃掉肠道内的碎屑,直至液体变得透明,可见到沉淀在平皿底部的旋毛虫成虫。收集旋毛虫成虫,转移至 PRMI 1640 培养基中,该培养基同样含有青霉素 200 单位每毫升和链霉素 200 单位每毫升,然后置于 37 ℃的 CO_2 恒温培养箱中培养 12 h。使用 300 目(约 49.44 μm)灭菌筛子过滤去除成虫,从而收获新生幼虫。之后,将所收获的新生幼虫加入到已进行贴壁培养的成肌细胞(C2C12)培养瓶中,每瓶细胞中加入约 2 万条新生幼虫,进行连续多日的培养。每日使用光学显微镜采集新生幼虫的图片,记录虫体生长曲线,如图 2-1 和图 2-2 所示。实验结果显示,体外培养的新生幼虫至第 9 天仍然保持高度活力,并通过尾静脉注射小鼠后,其仍保持感染力,如图 2-3 和图 2-4 所示。

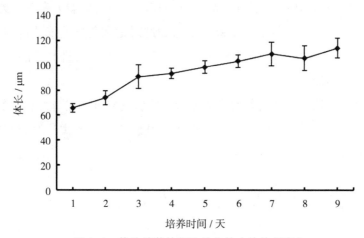

图 2-1　体外培养的新生幼虫的虫体体长变化

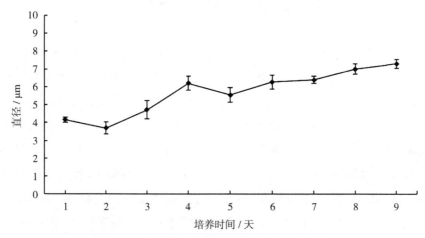

图 2-2　体外培养的新生幼虫的虫体直径变化

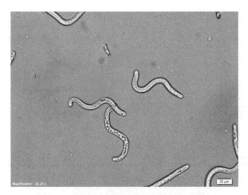

图 2-3　体外培养第 9 天的新生幼虫

图 2-4　体外培养第 9 天的新生幼虫感染小鼠后形成的包囊（膈肌镜检 40×）

2.1.2　新生幼虫对成肌细胞增殖的影响

在 96 孔板的每孔中加入 100 μL 成肌细胞悬液,待细胞贴壁(铺满约 70%)后,每孔中加入约 2 000 条新生幼虫,连续培养 8 天。每天选取 5 孔细胞,吸弃每孔中的新生幼虫,每孔中加入 10 μL 的 CCK-8 溶液,继续在 37 ℃的 CO_2 恒温培养箱中培养 1 h,用酶标仪测定 450 nm 处的吸光度。以未与新生幼虫共培养的成肌细胞培养孔作为对照,连续检测 8 天,结果如图 2-5 所示。由该图可知,新生幼虫与成肌细胞共培养 3 天和 4 天可显著促进成肌细胞增殖,共培养 7 天和 8 天可显著抑制成肌细胞增殖。这一结果提示,在新生幼虫与成肌细胞共培养后,从第 5 天起成肌细胞开始逐步被诱导进入细胞分化阶段。

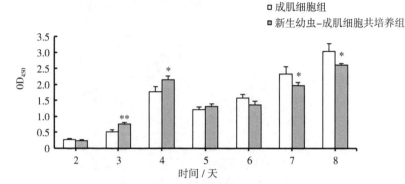

图 2-5　新生幼虫对成肌细胞增殖的影响

2.2　新生幼虫期特异性表达基因 *Ts-T668* 的研究进展

Ts-T668 作为新生幼虫期特异性抗原基因,有文献报道其在新生幼虫期均有表达,如图 2-6 所示,且从第 9 天至第 11 天在包囊内的肿大肌细胞核上也有较强的表达。这提示 Ts-T668 可能是一种分泌性蛋白,且作用于肌细胞核,对新生幼虫在宿主横纹肌中的寄生和存活具有较为重要的作用。我们对 Ts-T668 的酶谱分析结果显示,Ts-T668 具有酶活性,这进一步提示该基因在旋毛虫感染过程中可能发挥重要作用。我们构建了 pcDNA3.1(+)-Ts-T668 质粒,对质粒进行纯化,并将其作为 DNA 疫苗,评估了该基因在小鼠体内的免疫应答及免疫保护作用。结果显示,该 DNA 疫苗诱导产生了 Th1 占优势的 Th1/Th2 混合型免疫应答,展现出 77.93% 的肌幼虫减虫率,如图 2-7 所示。

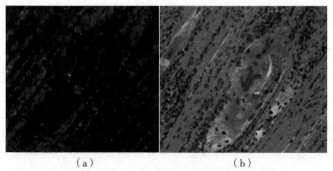

（a）　　　　　　　　　　　（b）

图 2-6　*Ts-T668* 在新生幼虫上的表达定位

免疫荧光检测(a);苏木精-伊红(HE)染色(b)

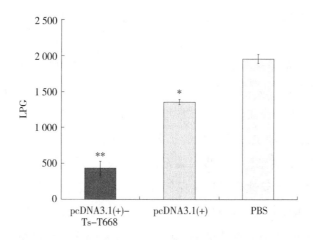

图 2-7　pcDNA3.1(+)-Ts-T668 免疫组和对照组感染旋毛虫后的肌幼虫负荷数检测

2.3　新生幼虫期特异性表达基因研究的意义及前景

新生幼虫体外培养有助于我们更加全面地了解旋毛虫的发育过程。在体外培养方法成熟的基础上,我们可以通过对比不同日龄新生幼虫的转录组,分析新生幼虫期关键蛋白的表达特性,进而研究这些关键蛋白的生理功能。实验证明,体外培养第 9 天的新生幼虫仍活力良好,且尾静脉注射小鼠后仍具有感染力,能在感染后形成包囊。通过观察发现,体外培养第 4 天、第 6 天和第 9 天的新生幼虫尾静脉注射感染小鼠后形成的包囊的胶原壁一般较正常感染形成的包囊胶原壁薄。

此外,通过分析新生幼虫与成肌细胞共培养过程中对成肌细胞增殖的调节作用,发现共培养第 3 天和第 4 天,新生幼虫对成肌细胞增殖的促进作用显著,而共培养第 7 天和第 8 天,新生幼虫对成肌细胞增殖的抑制作用逐渐加强。结合上述包囊观察的实验结果,说明新生幼虫体外培养的第 1 天至第 8 天有效调节了成肌细胞的增殖,这一调节作用很可能与保姆细胞及其胶原壁的形成密切相关。保姆细胞的形成有助于肌幼虫抵抗宿主免疫反应的杀伤作用,因此,鉴定出参与调节成肌细胞增殖的功能基因,为开发良好的疫苗候选抗原提供了重要线索。

$Ts-T668$ 作为一种新生幼虫期特异性丝氨酸蛋白酶基因,根据文献报道,其在新生幼虫第 1 日龄开始在虫体上表达,第 8 日龄虫体表达量最多,第 9 日龄开始分泌到虫体外的量逐渐增多,且主要在保姆细胞的肌细胞核上被检测到。这说明 $Ts-T668$ 基因在新生幼虫第 9 日龄开始可能对肌细胞产生调节作用。然而,根据新生幼虫与成肌细胞共培养的实验结果,参与调节保姆细胞形成的功能基因主要在新生幼虫的第 1 日龄至第 8 日龄发挥调节作用,因此可以推断 $Ts-T668$ 可能与保姆细胞的初步形成无直接关联。尽管 $Ts-T668$ 的具体功能有待深入研究,但其特异性分泌到达保姆细胞肌细胞核,这意味着其对旋毛虫的寄生过程具有重要意义。我们基于 $Ts-T668$ 构建的 DNA 疫苗在小鼠感染模型中展现出 77.93% 的肌幼虫减虫率,也证明了该基因作为旋毛虫疫苗候选抗原基因的重要价值。

第 3 章　疫苗佐剂的筛选

旋毛虫是能够引起世界范围流行的人兽共患病寄生虫。研发旋毛虫疫苗是预防动物感染旋毛虫病的有希望的方法,通过控制动物感染进而可以有效地预防人类感染旋毛虫病。疫苗研发中佐剂的作用不容忽视,佐剂能够增强疫苗的免疫原性,提高疫苗的效果。弗氏佐剂一直被认为是疫苗研究中佐剂的"金标准",被广泛应用于疫苗研究,但由于其存在毒性,且会影响动物肉制品品质,而被禁止应用于临床。本实验拟选用 rTs-serpin 重组蛋白作为抗原,分别选用 3 种佐剂——Montanide ISA201(以下简称 ISA201)佐剂、Montanide IMS1313 N PR VG(以下简称 IMS1313)佐剂和弗氏完全/不完全佐剂——制备疫苗免疫 BALB/c 小鼠,评估这 3 种佐剂的促免疫应答能力和提高免疫保护能力。具体实验检测指标包括 IgG、IgM 抗体水平,脾细胞因子(IL-2、IL-4、IL-10、IFN-γ)的水平,以及肌幼虫减虫率。最终选出最佳的佐剂用于后续研究。

3.1　材料

3.1.1　实验动物及试剂

3.1.1.1　实验动物

雌性 BALB/c 小鼠,6~8 周龄。

3.1.1.2　寄生虫

旋毛虫 *Trichinella spiralis*(ISS534)由实验室使用 ICR 小鼠传代保存。

3.1.1.3　菌种

实验中所用 pET28a-Ts-serpin 表达菌种为实验室前期构建,测序正确,由本实验室-80 ℃保存。

3.1.1.4　试剂

盐酸、胃蛋白酶、ISA201 佐剂、IMS1313 佐剂、弗氏完全/不完全佐剂、脱脂奶粉、镍柱、PVDF 膜、超滤管、HRP 标记的山羊抗小鼠 IgG/IgM/IgG1/IgG2a 抗体、TMB 底物液、ECL 化学发光液、小鼠细胞因子检测试剂盒。旋毛虫感染 60 天阳性小鼠感染血清采集自灌胃感染 300 条旋毛虫 T1 肌幼虫的小鼠,由实验室前期制备并保存于-80 ℃低温冰箱。

3.1.2　仪器及耗材

低温高速离心机型号为 Allegra X-22R;紫外分光光度计型号为 NanoDrop 2 000;恒温摇床;蛋白纯化系统型号为 AKTA Purifer;纯水仪、光吸收酶标仪、DNR 荧光凝胶成像系统、-80 ℃低温冰箱、精密电子天平。

3.2　方法

3.2.1　主要试剂的配制

3.2.1.1　结合液的配制(1 L)

量取浓度为 20.0 mmol/L Tris-HCl(pH=7.9)、0.5 mol/L NaCl、8.0 mol/L 尿素充分溶解于 500 mL 去离子水中,调节 pH 至 7.9,最后定容至 1 L。

3.2.1.2　洗脱液 Ⅰ 的配制(1 L)

量取浓度为 20.0 mmol/L Tris-HCl(pH=7.9)、0.5 mol/L NaCl、8.0 mol/L 尿素、40.0 mol/L 咪唑充分溶解于 500 mL 去离子水中,调节 pH 至 7.9,最后定容至 1 L。

3.2.1.3　洗脱液 Ⅱ 的配制(1 L)

量取浓度为 20.0 mmol/L Tris-HCl(pH=7.9)、0.5 mol/L NaCl、8.0 mol/L

尿素、200.0 mol/L 咪唑充分溶解于 500 mL 去离子水中,调节 pH 至 7.9,最后定容至 1 L。

3.2.1.4　包被液(1 L)

量取浓度为 15.0 mmol/L Na_2CO_3、27.0 mmol/L $NaHCO_3$ 充分溶解于 500 mL 去离子水中,调节 pH 至 9.6,最后定容至 1 L。

3.2.1.5　磷酸盐缓冲溶液(PBS,1 L)

称取 8.00 g NaCl、0.20 g KCl、1.42 g Na_2HPO_4、0.27 g KH_2PO_4 充分溶解于 900 mL 去离子水中,调节 pH 至 7.4,最后定容至 1 L。

3.2.1.6　ELISA 洗涤液(PBST,1 L)

向 1 L PBS 缓冲液中加入终浓度为 0.05% 的 Tween-20,充分溶解混匀,室温备用。

3.2.1.7　终止液(0.2 L)

将 22.2 mL 浓 H_2SO_4 缓慢加入到 177.8 mL 去离子水中,轻轻混匀。

3.2.1.8　氨苄青霉素(Amp)贮存液(100 mg/mL,10 mL)

准确称取 1.00 g 氨苄青霉素粉末至干净小烧杯中,加入 10 mL 去离子水溶解搅拌,于超净台内使用 0.22 μm 无菌滤器过滤除菌,分装于灭菌处理的离心管中,密封,低温冻存。

3.2.1.9　卡那霉素(Kan)贮存液(50 mg/mL,20 mL)

精确称取 1.00 g 卡那霉素粉末至干净小烧杯中,加入 20 mL 去离子水溶解搅拌,于超净台内使用 0.22 μm 无菌滤器过滤除菌,分装于灭菌处理的离心管中,密封,低温冻存。

3.2.2　重组蛋白 pET28a-Ts-serpin 的制备

3.2.2.1　蛋白的表达

从-80 ℃冰箱取出保存的表达菌种 pET28a-Ts-serpin,置于冰水中缓慢溶解,在卡那抗性 LB 平板上画线,于 37 ℃温箱中培养过夜。次日,挑取单菌落于 5 mL 液体 LB 中(含卡那霉素),摇菌 8~10 h。之后,将 5 mL 菌液扩大培养于 1 L 液体 LB 培养基中(含卡那霉素)。2 h 后,每隔 20 min 测 OD_{600} 光密度值,直至 OD_{600} 约为 0.6 时,加入终浓度为 0.5 mmol/L 的 IPTG 诱导剂,继续摇菌 6 h。以上摇菌转速均为 180 r/min。

3.2.2.2　表达菌体的处理

以 12 000 r/min 的转速离心 20 min,收集扩大培养的表达菌体,之后弃去上清液,保留菌体沉淀。使用 50 mL 结合缓冲液重悬沉淀,之后将该重悬液置于-80 ℃冰箱冷冻,再置于冰水中溶解,如此反复冻融 3 次。之后使用超声破碎仪超声处理溶解的菌体悬液,条件为:超声温度 4 ℃,功率 400 W,超声时长 5 s,间隔时长 5 s,总时长 40 min。在 4 ℃下,以 12 000 r/min 的转速离心 30 min,收集上清液,用于亲和层析纯化。

3.2.2.3　亲和层析纯化及浓缩

首先,使用 10 倍柱体积结合缓冲液平衡镍柱,待基线水平后,以 0.6 mL/min 的速度进样。之后保持此速度用结合缓冲液洗涤镍柱,直至基线水平后换用 3 个柱体积的洗脱缓冲液 I 洗脱镍柱,最后换用 5 个柱体积的洗脱缓冲液 II 洗脱镍柱,收集此次的洗脱缓冲液。洗脱速度均为 1 mL/min,每次进样量为 20 mL。吸出 100 μL 洗脱缓冲液的样品用于 SDS-PAGE 电泳鉴定,其余可保存于-80 ℃冰箱备用。将纯化后的蛋白样品置于截留分子量为 3 kDa 的超滤管中,在 4 ℃下,以 5 500 r/min 的转速离心,每次 20 min。每次离心后弃掉外层管的滤液,配平后继续离心。每次离心后,使用蛋白定量仪测定蛋白质浓度,直至蛋白浓度达到或超过 1 μg/μL 后停止浓缩,将蛋白按照每支 500 μL 分装,保存于-80 ℃冰箱备用。

3.2.2.4 SDS-PAGE 电泳及蛋白质印迹法(Western-blotting)鉴定

将重组蛋白浓度稀释至 1 μg/μL,取 28 μL 样品加入 7 μL 的 SDS-PAGE 蛋白上样缓冲液(4×),混合后煮沸 10 min,之后按照常规方法,使用 12%丙烯 酰胺凝胶电泳(PAGE)进行 SDS-PAGE 电泳分离。电泳结束后,将分离胶按 照常规操作进行湿转,将蛋白转印至 PVDF 膜上。湿转条件为:4 ℃,70 V 恒 压,2 h。湿转结束后,将 PVDF 膜置于封闭液(5%脱脂奶粉的 PBST 溶液)中 室温缓慢摇动封闭 2 h。之后进行一抗孵育,一抗为旋毛虫感染 60 天阳性小 鼠感染血清,将该血清使用封闭液稀释 200 倍,用稀释后的血清覆盖封闭后 的 PVDF 膜,37 ℃温箱孵育 2 h。之后用 PBST 洗涤 PVDF 膜 3 次,每次 10 min,继续孵育二抗,二抗为经封闭液 5 000 倍稀释的 HRP 标记的山羊抗 小鼠 IgG 的抗体。二抗 37 ℃温箱孵育 1 h,之后经 PBST 洗涤,然后进行增强 化学发光(ECL)显影,用显影仪器采集图片。

3.2.3 疫苗的制备及接种

3.2.3.1 疫苗的制备

将蛋白浓度用 PBS 稀释至 1 μg/μL,准备 4 份蛋白样,每份 1 mL,分别与 3 种不同佐剂混合,用 PBS 代替佐剂与第 4 份蛋白混合,最后设置 1 个 PBS 对 照实验组。各组制备方法如下。

(1)ISA201 佐剂加蛋白组。按照体积比 1∶1,将蛋白和 ISA201 佐剂分别 于 31 ℃水浴锅中预热 30 min,之后一边轻轻摇动佐剂,一边将蛋白缓慢逐滴加 到佐剂中。将疫苗置于室温摇床缓慢摇动 30 min 后使用。

(2)IMS1313 佐剂加蛋白组。按照体积比 1∶1,一边缓慢摇动蛋白,一边将 IMS1313 佐剂缓慢逐滴加入到蛋白中。将疫苗于室温摇床缓慢摇动 30 min 后 使用。

（3）弗氏佐剂加蛋白组。首次免疫使用弗氏完全佐剂,加强免疫使用弗氏不完全佐剂。将蛋白与佐剂等体积混合,用超声乳化仪将疫苗充分乳化,室温静置备用。

（4）PBS 加蛋白组。将等体积的 PBS 与蛋白混合均匀,室温静置备用。

（5）PBS 对照组。无菌 PBS 溶液,室温平衡备用。

3.2.3.2 疫苗接种

每个实验组免疫 15 只 BALB/c 小鼠,采用双侧腿部肌肉注射的方法接种疫苗。每只小鼠首次免疫接种蛋白 60 μg,即每只小鼠注射疫苗 120 μL;之后各组均加强免疫 2 次,免疫间隔为 2 周;加强免疫时疫苗剂量减半,疫苗制备方法与首次制备方法相同。最后 1 次加强免疫之后再过 2 周,各组灌胃感染旋毛虫肌幼虫,每只小鼠灌服 250 条。感染旋毛虫肌幼虫 6 周后处死各组实验小鼠,采用胃蛋白酶消化法收集小鼠体内的肌幼虫,用于计数和比较。在免疫接种前、首次接种和加强免疫接种后 1 周,以及攻虫感染后 1 周,分别采集各组小鼠的尾静脉血,4 ℃静置过夜,次日室温离心(4 500 r/min,15 min)收集血清,–20 ℃冰箱保存,用于后续各项指标检测。

3.2.4 疫苗免疫效果分析

3.2.4.1 抗体水平检测

采用间接酶联免疫吸附试验(ELISA)检测各组小鼠血清中 IgG、IgG 亚型(IgG1 和 IgG2a)及 IgM 的水平,分析各组 IgG 抗体效价。所有样品均做 3 次重复检测。实验方法如下。

（1）抗原包被

以上各抗体指标检测抗原包被浓度均为 5 μg/mL,即,使用包被液将重组蛋白 rTs-serpin 浓度稀释为 5 μg/mL,每孔加 100 μL,4 ℃包被过夜。使用前将包被抗原弃掉,用 PBST 洗涤 ELISA 板 5 次,每次 3 min。

（2）待检血清的稀释及孵育

检测以上各抗体指标时，均使用封闭液（5%脱脂奶粉的 PBST 溶液）将待检血清稀释 50 倍，每孔加入 100 μL，37 ℃温箱孵育 2 h，以进行相应抗体指标的检测。

对于 IgG 抗体效价的检测，每支血清样品按照 10 倍倍比稀释至最大稀释倍数 100 万倍，每个稀释倍数取 100 μL 加入每孔中。

（3）检测抗体（二抗）的稀释及孵育

弃掉板孔中的血清，按照上述方法洗涤板孔，之后，每孔加入 100 μL 检测抗体。小鼠血清中 IgG 的检测抗体为山羊抗小鼠 IgG HRP 偶联二抗，小鼠血清中 IgM 检测抗体为山羊抗小鼠 IgM HRP 偶联二抗，这两种抗体均采用 1∶5 000 的倍比稀释；小鼠血清中 IgG1 和 IgG2a 的检测抗体均为 HRP 标记的羊源二抗，稀释倍数均为 500 倍。所有二抗均采用 37 ℃温箱中孵育 1 h。

（4）显色反应

二抗孵育结束后，弃掉二抗，洗涤孔板，之后每孔加入 100 μL TMB 底物液，室温避光静置 10 min，之后每孔加入 100 μL 2.0 mol/L H_2SO_4 终止反应，使用酶标仪，读取 OD_{450} 吸光值，并记录数据。

3.2.4.2　脾细胞培养上清液中细胞因子水平检测

（1）脾细胞的分离培养

第 3 次免疫 2 周后，每个实验组处死 5 只小鼠，在无菌超净台内取脾脏；使用 5 mL 无菌注射器吸取 2 mL PBS 注入小鼠脾脏内，之后反复冲洗脾脏内部，直至脾脏变灰白色，收集脾脏冲洗液；以 1 000 r/min 的转速室温离心 5 min，弃掉上清液，向细胞沉淀中加入 3 mL 红细胞裂解液，重悬细胞，室温静置 5 min，之后再次离心，弃掉上清液；再次加入相同体积的红细胞裂解液，重复裂解红细胞 1 次；最后用 3 mL PBS 洗涤脾细胞 1 次，离心弃掉洗液后，用完全培养基（含有 10%胎牛血清、100 单位每毫升青霉素和 100 μg/mL 链霉素的 RPMI 1640 培养基）重悬细胞，计数，调整细胞密度至 $2×10^6$ 每毫升，将脾细胞接种培养于 24 孔板中，每孔接种 400 μL。

(2)重组蛋白刺激脾细胞

每组脾细胞分别用终浓度为 20 μg/mL 的 rTs-serpin 重组蛋白刺激,或者加入终浓度为 5 μg/mL 的刀豆蛋白 A(ConA)作为阳性对照,加入相应体积的 RPMI 1640 培养基作为阴性对照。将各组细胞置于 5% CO_2 培养箱中,于 37 ℃条件下培养 48 h。48 h 后,按上述条件离心,收集各组细胞培养上清液。

(3)细胞因子检测

利用预包被抗原的 ELISA 检测试剂盒,采用双抗夹心法检测脾细胞培养上清液中细胞因子 IFN-γ、IL-2、IL-4 和 IL-10 的水平。通过试剂盒检测相应细胞因子标准品,绘制标准曲线,再将检测样品的吸光值(OD_{450})代入标准曲线,计算出待检血清中各种细胞因子的浓度(pg/mL)。具体操作按照试剂盒说明书进行。

3.2.4.3 减虫率的计算

各组小鼠感染旋毛虫 6 周后,通过颈椎脱臼法处死小鼠,解剖小鼠,去除内脏和皮毛,称取胴体的质量并记录编号。之后,用绞肉机搅碎小鼠胴体,采用胃蛋白酶消化法收集小鼠体内的肌幼虫。具体方法为:用 37 ℃预热的蒸馏水配制含 1%胃蛋白酶和 1% HCl 的消化液。每只小鼠的胴体搅碎后加入 300 mL 消化液,置于 37 ℃温箱磁力搅拌器上,搅拌消化 2 h。消化结束后,取出消化溶液,用 80 目(约 18.41 μm)筛子滤去骨头及残渣,将滤液收集到新的烧杯中。用少量蒸馏水冲洗筛网,合并冲洗液于滤液中。将滤液室温放置 1 h,以确保肌幼虫自然沉淀完全。之后,用无菌注射器小心吸取上层液体,仅留约 50 mL 滤液。再加入 200 mL 蒸馏水,按上述方法重复洗涤、沉淀虫体 1 次。之后,留50 mL 虫体混悬液,转移至 100 mL 小烧杯中,在显微镜下目测计数肌幼虫数目。最后,根据从每只小鼠中收集的肌幼虫数目和相应的胴体重,计算每只小鼠每克肌肉中的幼虫数量(LPG),计算各组的平均 LPG。之后,将各组 LPG 与 PBS组相比,计算其他各组的减虫率。

3.2.4.4 统计学处理

使用 SPSS 13.0 软件的 T 检验方法对所有数据的差异进行显著性分析。各实验组与对照组之间具有显著差异的用 $^*P<0.05$ 或 $^{**}P<0.01$ 标注。所有实验均重复操作 3 次。

3.3　结果

3.3.1　重组蛋白的分子量及反应原性鉴定

重组蛋白 rTs-serpin 经亲和层析纯化、超滤浓缩后,通过 12% 丙烯酰胺 SDS-PAGE 电泳分离,考马斯亮蓝染色,脱色后采集图片。如图 3-1(a)所示,蛋白条带单一,说明纯度较高,条带位置与预测蛋白分子量 37.7 kDa 相符。另将一份样品在相同条件下电泳后用于进行蛋白质印迹法鉴定,结果如图 3-1(b)所示。由图可知,该重组蛋白能够与旋毛虫阳性感染血清反应,且位置与预测分子量相符。以上结果说明重组蛋白表达纯化成功,能够与旋毛虫阳性感染血清反应,具有良好的反应原性。

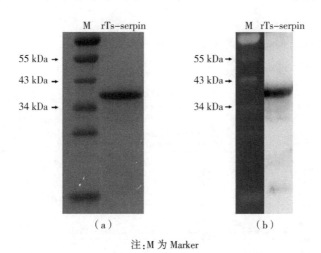

注:M 为 Marker

图 3-1　重组蛋白 rTs-serpin 的 SDS-PAGE 电泳(a)和蛋白质印迹法鉴定(b)

3.3.2 抗体应答水平检测

3.3.2.1 IgG 应答

除 PBS 组外,在第 2 次和第 3 次免疫之后,其他各组抗 rTs-serpin 特异性 IgG 的水平明显升高。此外,通过对各组数据进行统计学分析和比较可知,第 2 次免疫 1 周后,ISA201 和 IMS1313 两个佐剂添加组诱导产生的抗 rTs-serpin 特异性 IgG 的水平显著(** $P<0.01$)高于其他 3 个实验组,如图 3-2(a)所示。

3.3.2.2 IgM 应答

除 PBS 组外,从首次免疫 1 周后开始,其他各组抗 rTs-serpin 特异性 IgM 水平开始缓慢升高。其中,IMS1313 佐剂添加组在第 2 次免疫 1 周时达到 IgM 抗体水平最高峰,而其他各组均在第 3 次免疫 1 周时达到 IgM 抗体水平最高峰。此外,从首次免疫后 1 周开始到第 3 次免疫后 2 周结束,ISA201 和 IMS1313 佐剂添加组的 IgM 抗体水平均高于其他各组,如图 3-2(b)所示[其中纵坐标为信噪化(S/N)]。

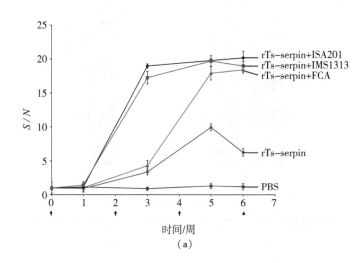

(a)

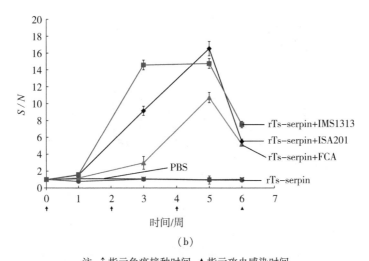

（b）

注：↑指示免疫接种时间，▲指示攻虫感染时间

图 3-2　IgG 和 IgM 抗体水平分析

IgG 分析（a）；IgM 分析（b）

3.3.2.3　IgG1 和 IgG2a 应答

　　除 PBS 组外，从第 2 次免疫 1 周后开始，其他各组 IgG1 和 IgG2a 的水平都显著（ ** $P<0.01$ ）升高，ISA201 佐剂添加组在第 2 次免疫 1 周时 IgG2a 水平高于 IgG1。除此之外，各组中 IgG1 的水平都高于 IgG2a。这说明重组蛋白 rTs-serpin 能够诱导以 Th2 为主的 Th1/Th2 混合免疫应答，如图 3-3 所示。

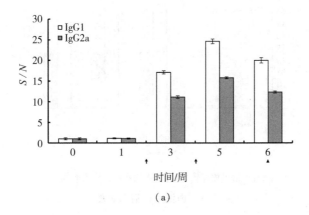

（a）

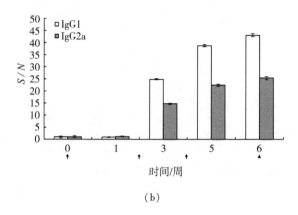

（b）

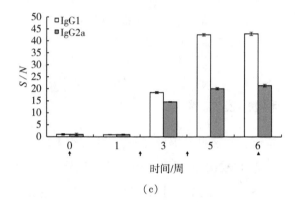

（c）

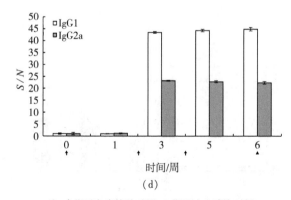

（d）

注：↑指示免疫接种时间，▲指示攻虫感染时间

图 3-3　血清 IgG 亚型分析

rTs-serpin(a)；rTs-serpin+FCA(b)；rTs-serpin+ISA201(c)；rTs-serpin+IMS1313(d)

3.3.2.4　IgG 效价分析

通过抗体 IgG 效价分析,结果显示,3 个佐剂添加组的最高抗体效价均出现在第 3 次免疫后 1 周时,且 ISA201 和 IMS1313 佐剂添加组的最高效价相同,均高于弗氏佐剂添加组。此外,在第 3 次免疫后 2 周时,3 个佐剂添加组的效价均有所降低,但是 IMS1313 和弗氏佐剂添加组的效价水平降至相同,且均高于 ISA201 佐剂添加组,如图 3-4 所示。

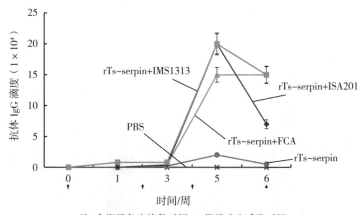

注:↑指示免疫接种时间,▲指示攻虫感染时间

图 3-4　血清 IgG 抗体效价检测

3.3.3　细胞因子检测

如图 3-5 所示,经 rTs-serpin 重组蛋白刺激后,与 PBS 对照组相比,第 3 次免疫后 1 周时,3 个不同的佐剂添加组的脾细胞上清的细胞因子 IFN-γ、IL-10、IL-2、IL-4 的水平均显著升高,而 rTs-serpin 未加佐剂组仅 IL-10 水平显著(** $P<0.01$)升高。在不加重组蛋白或 ConA 刺激的情况下,各组均未检测到细胞因子表达。

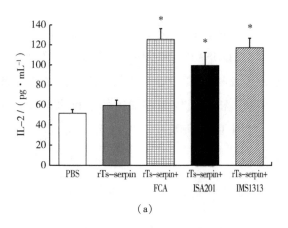

（a）

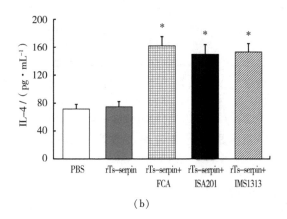

（b）

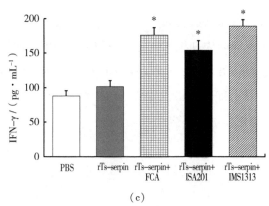

（c）

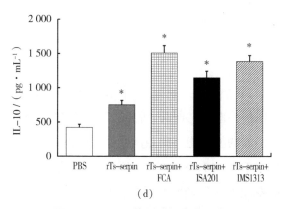

（d）

图 3-5 ELISA 检测脾细胞因子水平

IL-2(a);IL-4(b);IFN-γ(c);IL-10(d)

3.3.4 疫苗保护力检测

通过计算各实验组平均 LPG 值,以 PBS 组作为对照,计算各组的减虫率,即

$$减虫率=\frac{PBS 组 LPG-佐剂添加疫苗组 LPG}{PBS 组 LPG}\times100\% \tag{3-1}$$

图 3-6 为每克肌肉肌幼虫负荷检测结果图。由图可计算得知,rTs-serpin 未加佐剂组、弗氏佐剂添加组、ISA201 佐剂添加组和 IMS1313 佐剂添加组的减虫率分别为 28.53%、44.82%、35.71%、46.41%。统计学分析显示,IMS1313 佐剂添加组和弗氏佐剂添加组的减虫率之间没有显著差异,但二者均显著($P<0.05$)高于其他各组的减虫率。

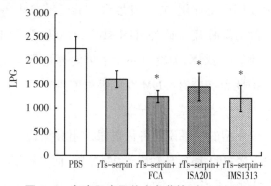

图 3-6 每克肌肉肌幼虫负荷检测($P<0.05$)

3.4 讨论

本章的研究证实,在小鼠感染模型中,重组蛋白抗原 rTs-serpin 能够诱导抗旋毛虫幼虫的免疫保护性应答。同时,研究还发现添加 IMS1313 佐剂的重组蛋白疫苗和弗氏佐剂添加的疫苗能够诱导产生相似的抗旋毛虫保护性免疫,且二者诱导的保护性均高于 ISA201 佐剂添加组和无佐剂重组蛋白疫苗组。

疫苗诱导的免疫保护作用通常与诱导高效的抗体应答密切相关。体内外研究均表明,中性粒细胞和嗜酸性粒细胞对新生幼虫的杀伤作用均依赖于 IgG 参与。与无佐剂重组蛋白疫苗组相比,各佐剂添加组均诱导产生了相对高水平的 IgG 和 IgM。然而,ISA201 佐剂添加组的 IgG 效价下降速度超过其他佐剂添加组。因此,我们推测这很可能是 ISA201 佐剂添加组肌幼虫减虫率相对较低的原因之一。

此外,IMS1313 佐剂添加组在诱导免疫应答方面的最大不同之处是该组表现出高效诱导 IgM 的能力。该组比其他各组提前 2 周达到 IgM 抗体的最高峰值水平,其维持峰值水平达 2 周之久。我们推测这很有可能是 IMS1313 佐剂添加组比 ISA201 佐剂添加组诱导的保护率更好的原因之一。

IgM 是感染后获得性免疫最先产生的抗体。IgM 激活经典的补体级联反应的能力是 IgG 的 1 000 倍。有研究发现特异性的 IgM 在限制红细胞内无性感染阶段的夏氏疟原虫的复制中发挥重要作用。此外,IgM 在抗蠕虫感染中也发挥重要作用。研究发现,IgM 在杀伤和清除粪类圆线虫幼虫和马来丝虫的血源性微丝蚴中发挥重要作用,在原发性和实验性感染中 IgM 均参与了宿主对彭亨丝虫幼虫的清除作用。此外,IgM 被广泛认为具有加强和促进体液免疫应答的能力。我们推测,本实验中 IgM 很可能通过促进 IgG 的应答间接参与抗旋毛虫的保护性免疫应答。IgM 在旋毛虫感染中的保护性作用有待进一步深入研究。

本章研究中,IgG 亚型的结果说明各佐剂添加组和无佐剂重组蛋白疫苗组均诱导产生了以 Th2 为主的 Th1/Th2 混合免疫应答,而这种混合免疫应答对于抗旋毛虫感染的保护性免疫应答十分重要。此外,有很多研究发现细胞免疫应答对于诱导抗旋毛虫免疫应答也十分重要。本章实验结果显示,所有佐剂添加组小鼠第 3 次免疫后 1 周时分离的脾细胞,经 rTs-serpin 重组蛋白体外刺激后,细胞培养上清液中 IL-2、IL-4、IFN-γ 和 IL-10 的水平均显著升高。IL-2 是参与诱导 Th1 型免疫的关键细胞因子,IL-4 是诱导 Th2 型免疫的关键细胞因子,本章研究中这两种细胞因子均显著升高,说明 rTs-serpin 蛋白具有体外诱导 Th1/Th2 混合免疫应答的能力。此外,IFN-γ 被报道参与杀伤新生幼虫,但较高水平的 IFN-γ 作为促炎细胞因子,可诱导产生 M1 巨噬细胞,从而对宿主造成组织损伤。而本章研究中,抗炎细胞因子 IL-10 水平显著升高,可以抑制促炎细胞因子,进而保持宿主体内的免疫平衡。IFN-γ 和 IL-10 这两种细胞因子水平升高,证明 rTs-serpin 蛋白在小鼠感染模型中诱导产生了一种促炎/抑炎混合型的细胞因子内环境,这种免疫环境对于抑制旋毛虫寄生和保护宿主免于遭受炎症损伤都是有利的。

总之,选择一种安全高效的佐剂对于疫苗的研制十分关键。一种好的佐剂能够最大限度地帮助抗原发挥诱导免疫保护作用。IMS1313 佐剂是一种结合免疫刺激复合物的水分散性的液态纳米颗粒,无毒副作用,不含有任何动物来源的成分,流动性好,易于与各种缓冲液及抗原相容。该佐剂已经被广泛应用于动物疫苗研究。本章实验中,IMS1313 佐剂展现出与弗氏佐剂相当的保护性和优于弗氏佐剂的免疫增强效果,是旋毛虫疫苗研究可选用的理想佐剂。

3.5　小结

(1)本章成功表达并纯化了重组蛋白 rTs-serpin,并通过蛋白质印迹法证明该重组蛋白能够与感染旋毛虫的小鼠阳性血清反应,具有较强的反应原性。

(2)本实验证明重组蛋白 rTs-serpin 在旋毛虫小鼠感染模型中能诱导抗旋毛虫的保护性免疫应答。未加佐剂组、ISA201 佐剂添加组、IMS1313 佐剂添加组以及弗氏佐剂添加组的减虫率分别为 28.53%、35.71%、46.41% 和 44.82%。与 PBS 对照组相比,3 种佐剂添加组均表现出显著($*P<0.05$)的减虫效果,IMS1313 佐剂组减虫率略高于弗氏佐剂组,但差异不显著。

（3）与其他 2 种佐剂添加组相比，IMS1313 佐剂添加后的疫苗诱导了最高且最持久的 IgG 抗体水平。

（4）与其他 2 种佐剂添加组相比，IMS1313 佐剂添加后的疫苗诱导 IgM 抗体峰值提前 2 周出现。

（5）IMS1313 佐剂展现出与弗氏佐剂相当的保护性和优于弗氏佐剂的免疫增强效果，是旋毛虫疫苗研究可选用的理想佐剂。

第4章 旋毛虫重组蛋白抗原的制备及其对猪的免疫保护性分析

猪肉作为消费肉食品,其卫生安全问题尤为重要。鉴于猪是旋毛虫感染最重要的宿主之一,人感染旋毛虫案例的发生均是由于患者曾食用了感染有旋毛虫肌幼虫的生肉或未完全煮熟的猪肉制品。因此,预防猪感染旋毛虫意义重大。

实验室前期利用旋毛虫感染后第 26 天猪血清对旋毛虫肠道感染性肌幼虫期、成虫期和新生幼虫期的 cDNA 噬菌体展示文库进行免疫筛选,最终筛选到 3 个重要潜在功能基因,分别是旋毛虫肠道感染性肌幼虫期的 *Ts-clp* 基因、成虫期的 *Ts-zh*68 基因和新生幼虫期的 *Ts-T*668 基因;另利用旋毛虫感染后第 60 天猪血清对肌幼虫期 cDNA 噬菌体展示文库进行免疫筛选,最终筛选得到了 *Ts-serpin* 和 *Ts-p*45 基因。这些基因的发现不仅有望为旋毛虫诊断提供有价值的检测抗原,也为旋毛虫疫苗研制提供了多个候选疫苗抗原。利用这些基因构建并表达的重组蛋白抗原中,有一些在旋毛虫小鼠感染模型上表现出部分保护力及诱导宿主产生保护性免疫应答的能力,这提示了这些基因具有作为疫苗抗原的潜力。然而,尽管猪和小鼠同为哺乳动物,但是它们的免疫系统仍存在显著差异。因此,本书拟利用长白猪作为实验动物,分析 7 个强反应性抗原基因构建并表达的重组蛋白对猪的免疫保护作用,从而为猪旋毛虫疫苗的研制提供高效的候选抗原。

旋毛虫的 ES 和虫体粗提物中含有多种蛋白酶和蛋白酶抑制剂。多项研究证明,丝氨酸蛋白酶参与了旋毛虫的存活和侵袭过程。本书实验研究的蛋白中,Ts-zh68、Ts-T668 和 Ts-p45 分别属于旋毛虫不同发育阶段的丝氨酸蛋白酶。实验室前期研究发现这 3 种蛋白依次在成虫期、新生幼虫期和肌幼虫期高丰度表达。有文献报道,寄生虫丝氨酸蛋白酶特异性的抗体能够通过抑制酶的活性来抑制寄生虫对宿主的侵袭。这意味着以丝氨酸蛋白酶类作为抗原的疫苗免疫动物产生的特异性抗体很可能发挥同样的免疫保护作用,同时也提示体液免疫应答在免疫保护性应答中具有重要地位。

然而,实验前期在小鼠模型中的研究发现,重组蛋白 rTs-zh68 和 rTs-p45 诱导的旋毛虫肌幼虫减虫率均高于 40%,而 rTs-T668 表现出的旋毛虫肌幼虫减虫率仅为 22.39%。因此,为了验证 *Ts-T*668 基因是否具有诱导抗旋毛虫保护性作用的潜力,在研究之初,我们首先以 *Ts-T*668 基因构建了 DNA 疫苗,免疫接种 BALB/c 小鼠。结果显示,该疫苗诱导产生了 Th1 为主的 Th1/Th2 混合免疫应答,并表现出 77.93% 的肌幼虫减虫率,这个实验证明 *Ts-T*668 基因是一个有潜力的旋毛虫疫苗候选抗原。鉴于 DNA 疫苗存在潜在的插入突变危险,这可能限制疫苗的推广应用,因此,本章将进一步构建抗原基因的重组蛋白疫苗,以验证抗原基因在猪体内的抗旋毛虫保护性。

本章中还研究了两种酶抑制剂。Ts-serpin 为丝氨酸蛋白酶抑制剂,Ts-clp 为半胱氨酸蛋白酶抑制剂类似物。有研究发现,线虫的丝氨酸蛋白酶抑制剂不仅参与对抗宿主丝氨酸蛋白酶的消化作用,还参与抑制宿主的免疫应答,同时半胱氨酸蛋白酶抑制剂也被认为与寄生虫的免疫逃避有关。Ts-p43 和 Ts-p53 均是旋毛虫 ES 抗原的重要组分。Ts-p43 蛋白为脱氧核糖核酸酶Ⅱ(DNaseⅡ),它被发现与旋毛虫包囊的形成有关,尽管该蛋白未直接参与包囊的形成,但另外一些与其同源性非常高的蛋白直接参与了包囊形成的调控作用。研究发现,Ts-p53 蛋白与旋毛虫包囊的形成有着密切的联系,且 ES 抗原中该蛋白仅表达于旋毛虫的成囊期。此外,这两种蛋白在旋毛虫小鼠感染模型中表现出较高水平的抗旋毛虫的保护力。本章研究以长白猪作为实验动物,比较分析这 7 种旋毛虫不同发育期潜在功能基因构建的重组蛋白对猪的保护力情况。

4.1 材料

4.1.1 实验动物及试剂

4.1.1.1 实验动物

长白猪,购自某猪场(该猪场自建场以来从未发生过旋毛虫感染,仔猪出生后未接种任何疫苗），购进 2 月龄长白猪 60 头，饲养于实验室新建的标准猪舍，安排专业饲养员进行饲养管理，喂饲不含任何抗生素的饲料。

4.1.1.2　寄生虫

旋毛虫 *Trichinella spiralis*（ISS534）由实验室使用 ICR 小鼠传代保存。

4.1.1.3　菌种

实验中所用 7 种蛋白的表达菌种均为实验室前期构建，测序正确，保存于 −80 ℃ 冰箱。

4.1.1.4　试剂

盐酸、Tris‐base、胃蛋白酶、尿素、胰蛋白胨、酵母提取物、琼脂粉、NaCl、KCl、$Na_2HPO_4 \cdot 12H_2O$、KH_2PO_4、防脱载玻片、Tween‐20、IPTG、咪唑、IMS1313 佐剂、镍柱、PVDF 膜、超滤管、脱脂奶粉、山羊抗猪 IgG 抗体、ECL 化学发光液。

4.1.2　仪器及耗材

Allegra X‐22R 型离心机，NanoDrop 2000 型紫外分光光度计，AKTA Purifier 型蛋白纯化系统、光吸收酶标仪、DNR 荧光凝胶成像系统、倒置显微镜、电泳槽、转膜仪。

4.2　方法

4.2.1　主要试剂的配制

4.2.1.1　LB 液体培养基（1 L）

称取 10.0 g 胰蛋白胨、5.0 g 酵母提取物和 5.0 g NaCl 溶解于 900 mL 去离

子水中,定容至 1 L,121 ℃高压蒸汽灭菌 30 min 后,室温储存备用。

4.2.1.2　LB 固体培养基(100 mL)

称取 1.0 g 胰蛋白胨、0.5 g 酵母提取物、0.5 g NaCl、1.5 g 琼脂粉溶解于 90 mL 去离子水中,最后定容至 100 mL,121 ℃高压蒸汽灭菌 30 min。于无菌超净操作台内,待培养基温度降至 55 ℃以下时,加入相应浓度的抗生素,缓慢摇匀,小心倾注于无菌平皿,待培养基凝固后,用封口膜密封 LB 琼脂平板,4 ℃储存备用。

4.2.1.3　磷酸盐缓冲溶液(PBS,1 L)

量取浓度为 137.0 mmol/L NaCl、2.7 mmol/L KCl、10.0 mmol/L Na_2HPO_4、2.0 mmol/L KH_2PO_4 充分溶解于 800 mL 去离子水中,调节 pH 至 7.4,最后定容至 1 L。

4.2.2　重组蛋白抗原的制备

4.2.2.1　蛋白的表达

从−80 ℃冰箱取出保存的表达菌种 pET28a-Ts-clp(rTs-clp)、pET28a-Ts-serpin(rTs-serpin)、pET28a-Ts-Sp-T668(rTs-T668)、pET28a-Ts-Sp-zh68(rTs-zh68)、pET28a-Ts-p43(rTs-p43)、pET28a-Ts-p45(rTs-p45)、pET28a-Ts-p53(rTs-p53),置于冰水中缓慢溶解,于卡那抗性 LB 平板上画线复苏,之后于 1 L 液体 LB 培养基中(含卡那霉素)扩大培养,使用 IPTG 诱导表达。诱导和表达的方法和条件同本书 3.2.2.1。

4.2.2.2　表达菌体的处理

所有表达菌体的菌体收集、超声破碎、离心等方法步骤和条件均参考本书 3.2.2.2。

4.2.2.3　重组蛋白的纯化及浓缩

表达菌体超声裂解处理后,按下列步骤进行纯化和浓缩。

第一步:使用镍柱进行亲和层析纯化,纯化试剂的配制、操作步骤均参考本书 3.2.2.3。

第二步:亲和层析纯化后收集的蛋白样品,利用大型垂直板电泳装置进行 SDS-PAGE 电泳分离,之后切胶回收目的条带。具体操作步骤如下。

(1)将蛋白样品与 SDS-PAGE 蛋白上样缓冲液(5×)按照 4:1 比例混合均匀,煮沸 10 min,室温冷却备用。

(2)使用大型垂直板装置配制含 12% 丙烯酰胺的 SDS-PAGE 分离胶,胶厚度为 1.5 mm,高 9.0 cm,宽 20.0 cm。配好后在凝胶液面上缓慢加满蒸馏水,之后在室温下使凝胶凝固(大约 1 h)。

(3)分离胶凝好后,小心用滤纸吸干凝胶上层的蒸馏水,配制含 5% 丙烯酰胺的 SDS-PAGE 浓缩胶,厚度 1.5 mm,高 3.0 cm,宽 20.0 cm。

(4)上样。每块大型垂直板凝胶可至少上样 10 mL,用于垂直电泳分离。

(5)电泳条件:第一步,100 V,2 h;第二步,160 V,5 h。在 4 ℃ 条件下进行电泳。

(6)切胶。电泳结束后,切去浓缩胶,将分离胶浸泡在预冷的 2.5% KCl 溶液中,置于 4 ℃ 冰箱中 3~5 min,之后目的条带呈现明显白色,用无菌刀片切下条带,再将其切成小块置于 10 mL 离心管中。

(7)蛋白溶解。将离心管中的小胶块用玻璃棒尽量捣碎,加入 10 倍体积的灭菌 PBS,用封口膜封闭好离心管,置于 4 ℃ 冰箱内的水平摇床上缓慢摇动过夜,以溶出胶块中的蛋白质。

第三步:超滤管浓缩蛋白,其方法同本书 3.2.2.3。

4.2.2.4　SDS-PAGE 电泳及蛋白质印迹法鉴定

所有重组蛋白的鉴定方法同本书 3.2.2.4。

4.2.3　疫苗的制备及接种

4.2.3.1　疫苗的制备

将 7 种蛋白浓度分别用 PBS 稀释至 1 μg/μL,按照 1∶1 的体积比,一边缓慢摇动蛋白溶液,一边将 IMS1313 佐剂缓慢逐滴加入到该蛋白中。随后,将疫苗置于室温摇床上缓慢摇动 30 min 后使用。

4.2.3.2　疫苗接种及免疫程序

实验共分为 10 组,每组 6 头猪,即设一个空白组、一个 PBS 对照组、一个 PBS+佐剂(IMS1313)对照组,以及 7 个重组蛋白免疫组。疫苗接种方式采用颈部肌肉注射的方法,每头猪每次接种含 1 mg 蛋白的疫苗,即每头猪注射疫苗 2 mL。4 周后进行加强免疫 1 次,剂量相同,接种方法与首次免疫相同。加强免疫 3 周之后,各组灌胃感染旋毛虫肌幼虫,每头猪灌服 5 000 条。感染旋毛虫肌幼虫 6 周后,处死实验动物,采用胃蛋白酶消化法收集猪体内的肌幼虫,用于计数和比较。

4.2.4　减虫率的计算

各组实验动物感染旋毛虫肌幼虫 6 周后,放血处死,解剖,去除内脏和皮毛。每头猪分别采集 15 个部位的肌肉:膈肌、舌肌、咬肌、腹直肌、腰小肌、夹肌、斜方肌、胸骨舌骨肌、肱二头肌/肱三头肌、屈指肌腱、股四头肌、腓肠肌、颞肌/肋间肌、臀大肌/臀中肌、背最长肌。每个部位肌肉采集约 50 g(最低不少于 5 g),对每个部位的肌肉去除筋皮、准确称重并编号。之后,用绞肉机搅碎肌肉,采用胃蛋白酶消化法收集肌幼虫,具体方法同本书 3.2.4.3 所述。最后,根据每份肉样中收集的肌幼虫数目和相应的肌肉质量,计算每个部位的 LPG,并分别计算每头猪的平均 LPG 和每个蛋白实验组的平均 LPG。之后,将各组 LPG 与 PBS 组相比,计算各组的减虫率。

4.2.5　旋毛虫保姆细胞形态观察

旋毛虫肌幼虫侵袭宿主肌肉组织后,能够使感染的肌细胞结构发生变化,形成保姆细胞。保姆细胞的形成有助于肌幼虫抵抗宿主免疫反应的杀伤作用。实验采集实验动物的膈肌进行石蜡包埋、HE 染色,观察各实验组保姆细胞形态结构的变化,进而从病理学方面反映重组蛋白的抗旋毛虫保护性作用。实验操作如下。

4.2.5.1　石蜡切片的制备

取猪膈肌,剪去表面筋膜,用 PBS 清洗肌肉组织,平铺。用 2 片载玻片夹起膈肌肌肉组织,用橡皮筋固定住载玻片,之后置于 4% 多聚甲醛中固定 24 h。按照常规方法进行脱水、透明、浸蜡和石蜡包埋,制备 6 μm 厚度切片,贴片后置于 60 ℃烤箱烘烤过夜,室温备用。

4.2.5.2　HE 染色

将切片按照常规方法脱蜡后,经苏木精染色、1%盐酸酒精分化、弱氨水返蓝、伊红染色等一系列处理,再经脱水和透明后,用中性树脂封片,使用多功能显微镜进行观察和图片采集。

4.2.6　统计学处理

使用 SPSS 13.0 软件的 T 检验方法对所有数据的差异进行显著性分析。各实验组与对照组之间具有显著差异的用 $^*P<0.05$ 或 $^{**}P<0.01$ 标注,所有实验均重复操作 3 次。

4.3 结果

4.3.1 7 种重组蛋白的纯化及反应原性鉴定

7 种重组蛋白经过纯化、浓缩后,进行 SDS-PAGE 电泳分离,分析结果如图 4-1 所示。由该图可知,蛋白条带单一,这说明纯度较高。7 种重组蛋白 rTs-zh68、rTs-clp、rTs-serpin、rTs-T668、rTs-p45、rTs-p53 和 rTs-p43 的预测分子量依次为 47.5 kDa、47.7 kDa、37.7 kDa、46.8 kDa、31.2 kDa、46.6 kDa 和 37.6 kDa。SDS-PAGE 电泳分离条带位置与预测蛋白分子量相符。蛋白质印迹法鉴定结果如图 4-2 所示。该结果证明,这 7 种重组蛋白能够与旋毛虫感染 60 天阳性感染血清发生反应,且条带位置与预测分子量相符。以上结果说明重组蛋白表达纯化成功,具有良好的反应原性。

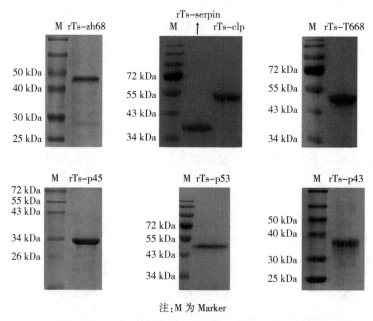

注:M 为 Marker

图 4-1 7 种重组蛋白纯化产物的 SDS-PAGE 分析

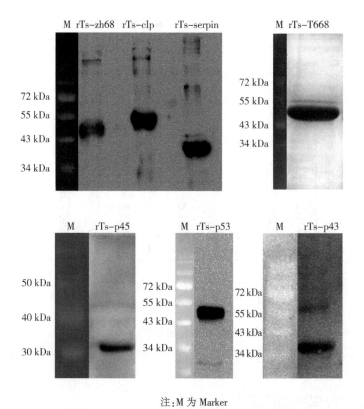

注:M 为 Marker

图 4-2　7 种重组蛋白纯化产物的蛋白质印迹法鉴定

4.3.2　疫苗保护力比较分析

以 PBS 组作为对照,通过计算各实验组平均 LPG,计算各组的减虫率。计算公式参照式(3-1)。各实验组平均 LPG 和减虫率具体数值见表 4-1,各实验组 LPG 比较分析如图 4-3 所示。统计学分析显示,与 PBS 对照组相比,重组蛋白抗原 rTs-T668 和 rTs-p43 构建的疫苗免疫实验动物后,分别导致旋毛虫肌幼虫数量显著($P<0.05$)减少;重组蛋白抗原 rTs-zh68 组和 rTs-clp 组的 LPG 明显降低,但统计学差异不显著($P>0.05$);而重组蛋白抗原 rTs-serpin、rTs-p45 和 rTs-p53 均未表现出明显的减虫效果。

表 4-1　各实验组的平均 LPG 及其减虫率($n=6$)

	PBS	IMS1313	rTs-T668	rTs-zh68	rTs-clp	rTs-serpin	rTs-p43	rTs-p45	rTs-p53
平均 LPG	53.91	53.23	28.75	29.54	37.18	51.33	32.93	51.94	52.63
减虫率/%	0	1.28	51.31	45.21	31.03	4.79	38.92	3.66	2.39

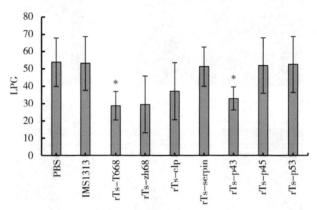

图 4-3　各实验组 LPG 比较分析($^*P<0.05$)

4.3.3　肌幼虫保姆细胞形态变化

通过对比 PBS 组和重组蛋白免疫组的实验动物膈肌 HE 染色图片,发现各重组蛋白免疫组的膈肌旋毛虫包囊出现不同程度的形态变化,包囊周围炎细胞浸润的强度也存在差异。而 IMS1313 组的旋毛虫包囊形态和周围炎细胞浸润情况与 PBS 组相比无明显差异。如图 4-4 所示,rTs-T668 组和 rTs-clp 组中观察到部分旋毛虫包囊形态变得相对其他各组更圆润,胶原层结构无明显变化;rTs-zh68 组、rTs-p45 组、rTs-p53 组和 rTs-p43 组中旋毛虫包囊的胶原囊不同程度地出现边缘不整齐或胶原层变薄的现象;而 rTs-serpin 组旋毛虫包囊形态完整,无明显变化。此外,rTs-zh68 组、rTs-T668 组和 rTs-p43 组旋毛虫包囊周围炎细胞浸润相对剧烈,而 rTs-clp 组、rTs-serpin 组、rTs-p45 组和 rTs-p53 组旋毛虫包囊周围炎细胞浸润情况相对轻微。

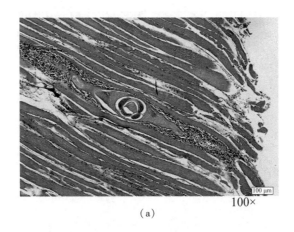

(a) 100×

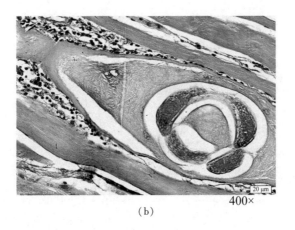

(b) 400×

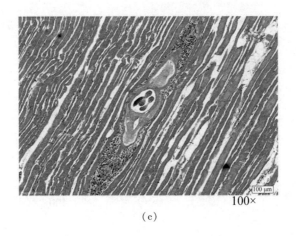

(c) 100×

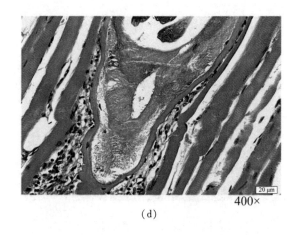

（d）

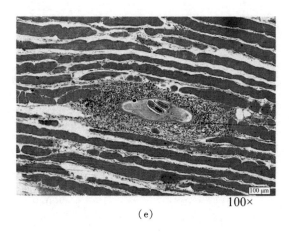

（e）

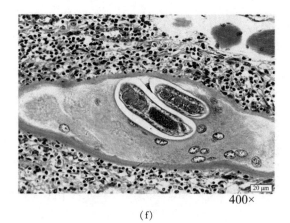

（f）

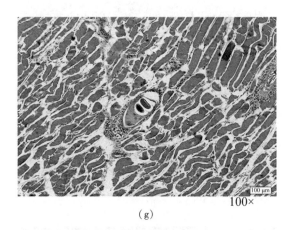

100×

（g）

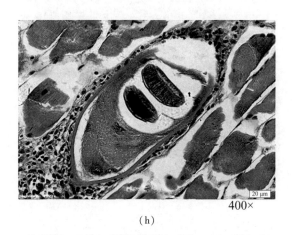

400×

（h）

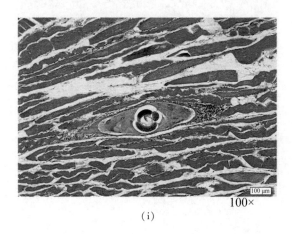

100×

（i）

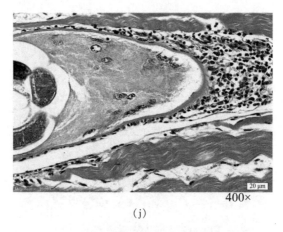

400×

（j）

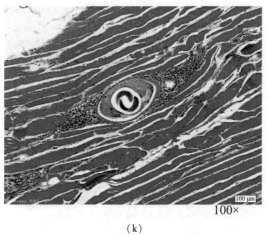

100×

（k）

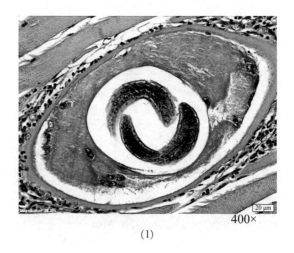

400×

（1）

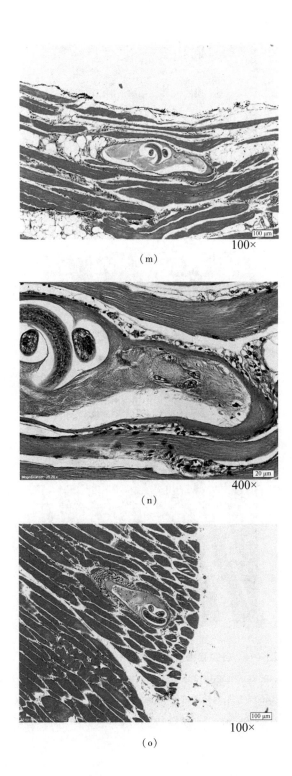

（m）

（n）

（o）

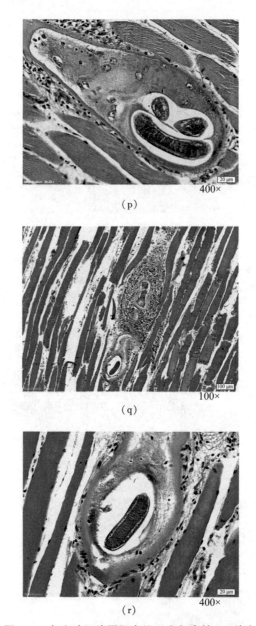

（p）

400×

（q）

100×

（r）

400×

图 4-4 各实验组猪膈肌中旋毛虫包囊的 HE 染色

PBS 组 100×（a）、400×（b）；IMS1313 组 100×（c）、400×（d）；rTs-zh68 组 100×（e）、400×（f）；

rTs-clp 组 100×（g）、400×（h）；rTs-serpin 组 100×（i）、400×（j）；rTs-T668 组 100×（k）、400×（l）；

rTs-p45 组 100×（m）、400×（n）；rTs-p53 组 100×（o）、400×（p）；rTs-p43 组 100×（q）、400×（r）

4.4　讨论

实验室前期利用旋毛虫小鼠感染模型研究发现,rTs-zh68、rTs-clp、rTs-T668 和 rTs-serpin 免疫小鼠后达到的旋毛虫肌肉幼虫减虫率分别为 41.31%、24.42%、22.39% 和 30.50%。本书以猪为实验动物,除 rTs-zh68 减虫率 (45.21%)与在小鼠模型中基本相同外,其他 3 种重组蛋白表现出的旋毛虫肌幼虫减虫率与在小鼠模型中相比有很大不同,rTs-T668 和 rTs-clp 均明显升高,肌幼虫减虫率分别为 51.31% 和 31.03%,而 rTs-serpin 的减虫率(4.79%)则明显下降,几乎无保护力。在小鼠感染模型中,rTs-p53 和 rTs-p43 分别表现出 65.60% 和 70.16% 的较高水平的肌幼虫减虫率,而本书中,这 2 种蛋白在长白猪感染模型中的减虫率分别为 2.39% 和 38.92%。此外,实验室在小鼠模型中研究发现 rTs-p45 可达到 50% 以上的肌幼虫减虫率,但本书中该蛋白在长白猪旋毛虫感染模型中几乎无保护力。以上这些差异很可能是不同的实验动物模型导致的。猪具有特殊的免疫系统解剖学特点以及淋巴细胞招募途径,这很可能导致了相同的抗原物质在小鼠和猪体内引起差别较明显的免疫应答,进而表现出不同的保护力。

本书中表现出保护力的 4 种蛋白中,肌幼虫减虫率超过 40% 的 2 种蛋白分别主要表达于旋毛虫成虫期(rTs-zh68)和旋毛虫新生幼虫期(rTs-T668),均为旋毛虫发育早期,这提示旋毛虫发育早期的关键蛋白质分子可作为较好的旋毛虫疫苗候选抗原。

有研究发现,旋毛虫的胶原囊的形成与周围炎细胞浸润的剧烈程度存在相关性。rTs-zh68 组、rTs-T668 组和 rTs-p43 组旋毛虫包囊周围炎细胞浸润剧烈,提示这些组中旋毛虫的胶原囊受损情况较严重。旋毛虫包囊周围浸润的炎细胞一般以淋巴细胞为主,也存在少量的单核细胞和中性粒细胞,这些炎细胞很可能是由于旋毛虫包囊结构受损后渗出的肌幼虫 ES 抗原刺激宿主的免疫系统,招募大量的炎细胞聚集于包囊周围的。这些炎细胞可通过抗体和补体参与免疫应答发挥对虫体的杀伤作用。

4.5　小结

（1）本章成功表达及纯化了7种重组蛋白，并通过蛋白质印迹法证实这些蛋白能够与旋毛虫感染血清发生反应，即具有较好的反应原性。

（2）7种重组蛋白免疫长白猪后，表现出不同的抗旋毛虫感染的保护力。其中重组蛋白抗原 rTs-T668 和 rTs-p43 减虫效果最为显著（$^*P<0.05$），rTs-serpin、rTs-p45 和 rTs-p53 几乎无减虫效果，rTs-clp 组和 rTs-zh68 组的 LPG 明显降低，但无统计学意义。

（3）通过对各实验组实验动物膈肌中旋毛虫包囊的 HE 染色进行观察和比较，发现 rTs-zh68 组、rTs-T668 组和 rTs-p43 组旋毛虫包囊周围炎细胞浸润剧烈，提示包囊完整性受损严重。

第 5 章　重组蛋白抗原诱导猪的保护性免疫应答水平分析

　　天然免疫系统是机体抵御病原入侵的第一道防线,它主要通过模式识别受体来识别病原微生物保守的分子模式,进而分泌一系列抗微生物物质,触发炎症预警信号,从而发挥免疫保护作用。研究发现,旋毛虫具有强烈的免疫抑制作用,能够抑制天然免疫细胞的活性。本书通过检测重组蛋白免疫接种后的实验动物,在经灌胃感染旋毛虫肌幼虫后,早期外周血中 2 种主要的天然免疫细胞(巨噬细胞和中性粒细胞)水平的变化,来评价重组蛋白对天然免疫系统的影响。此外,天然免疫系统还能够诱导获得性免疫应答的产生。获得性免疫应答又称特异性免疫应答,主要分为体液免疫和细胞免疫 2 类。本书通过分析重组蛋白疫苗接种后 T 淋巴细胞、B 淋巴细胞、特异性抗体和细胞因子的变化,来评估这些抗原诱导获得性免疫应答的能力。最后,综合上述两方面的结果,全面评价这 7 种重组蛋白抗原诱导实验动物产生针对旋毛虫的保护性免疫应答的能力。

5.1　材料

5.1.1　试剂

　　脱脂奶粉、HRP 标记的山羊抗猪 IgG/IgM 抗体、小鼠抗猪 IgG1/IgG2、HRP 标记的山羊抗小鼠 IgG、TMB 底物液、猪细胞因子检测试剂盒、PE 标记的小鼠抗猪 CD21 单克隆抗体(clone BB6-11C9.6)、PE 标记小鼠抗猪 CD14 单克隆抗体(clone TÜK4)、PE-Cy5 标记的小鼠抗猪 CD8a 单克隆抗体(clone 76-2-11)、FITC 标记的小鼠抗猪 CD3e 单克隆抗体(clone BB23-8E6)、PE 标记的小鼠抗猪 CD4 单克隆抗体(clone A-1)、FITC 标记的山羊抗小鼠 IgM 的单克隆抗体(Cat. No.1021-02)及无荧光标记的小鼠抗猪 SWC8 单克隆抗体(clone MIL3,抗体类型 IgM)。

5.1.2　仪器及耗材

　　低温高速离心机(型号为 Allegra X-22R)、DNR 荧光凝胶成像系统、光吸收酶标仪、−80 ℃低温冰箱、精密电子天平、倒置显微镜、电泳槽、转膜仪等。

5.2 方法

5.2.1 实验样本的采集

各组实验动物在免疫接种前以及免疫后每隔2周,均通过猪前腔静脉分别采集外周血。此外,在攻虫感染前1天,以及攻虫后第3天和第6天,也需采集各组动物的外周血。每次采集时,除取30 mL全血用于分离血清之外,还于第2次免疫后2周和攻虫后第6天,分别用真空抗凝采血管采集2 mL抗凝血,以供流式细胞分析使用。血清的分离及保存办法参照本书的3.2.3章节。

5.2.2 外周血流式细胞术分析

本书中共进行3组流式细胞分析实验,分别用于检测各实验组加强免疫2周后实验动物外周血中B淋巴细胞的百分比变化,淋巴细胞中$CD4^+CD8^-$和$CD4^-CD8^+$T淋巴细胞的变化,以及各实验组攻虫感染后第6天外周血中巨噬细胞和中性粒细胞的百分比变化。实验的具体操作方法如下。

5.2.2.1 血清封闭

向每支实验动物全血中加入终体积10%的正常小鼠血清,轻轻混匀,室温孵育10 min。

5.2.2.2 抗体标记

第一组:分析血样中B淋巴细胞变化,取实验动物抗凝血编号,每100 μL抗凝血中加入6 μL FITC标记的小鼠抗猪CD3e单克隆抗体和2 μL PE标记的小鼠抗猪CD21单克隆抗体,轻轻吹吸混匀,室温避光孵育30 min。

第二组:标记巨噬细胞和中性粒细胞,取实验动物抗凝血编号,每100 μL

抗凝血中加入 10 μL PE 标记的小鼠抗猪 CD14 单克隆抗体和 5 μL 无荧光标记的小鼠抗猪 SWC8,轻轻吹吸混匀,室温避光孵育 30 min。之后,经 PBS 洗涤 2 次,洗涤方法参见 5.2.2.4,再加入 5 μL FITC 标记的山羊抗小鼠 IgM,轻轻混匀,室温避光孵育 30 min。

第三组:标记血样中 CD4$^+$CD8$^-$T 淋巴细胞和 CD4$^-$CD8$^+$T 淋巴细胞,取实验动物抗凝血编号,每 100 μL 抗凝血中加入 2 μL PE 标记的小鼠抗猪 CD4 单克隆抗体、6 μL FITC 标记的小鼠抗猪 CD3e 单克隆抗体和 2 μL PE-Cy5 标记的小鼠抗猪 CD8a 单克隆抗体,轻轻吹吸混匀,室温避光孵育 30 min。

5.2.2.3　裂解红细胞

以 1 000 r/min 的转速室温离心 5 min,小心弃去上清液,按照每 100 μL 加入 1 mL 裂解液的比例加入红细胞裂解液,轻轻混悬细胞,室温静置 10 min,离心(1 000 r/min,5 min),小心弃去上清液,之后重复裂解 1 次,裂解液使用量减半,最后离心(1 000 r/min,5 min),小心弃掉上清液。

5.2.2.4　洗涤细胞

加入 300 μL PBS 重悬细胞,之后离心,操作方法同 5.2.2.3,如此共洗涤细胞 2 次。

5.2.2.5　重悬细胞及上机分析

每支样品用 250 μL PBS 重悬细胞,立即使用流式细胞仪进行分析。

5.2.2.6　结果判定

(1)B 淋巴细胞的检测:以前向散射角和侧向散射角分别作为横坐标和纵坐标,之后设门 R1(圈定淋巴细胞群中 10 000 个细胞),以 CD3 荧光强度为横坐标,CD21 荧光强度为纵坐标,在 UL 象限(左上)图中显示 B 淋巴细胞在外周血淋巴细胞群中所占的百分比。

(2)CD4$^+$CD8$^-$T 淋巴细胞和 CD4$^-$CD8$^+$T 淋巴细胞的检测:以前向散射角和侧向散射角分别作为横坐标与纵坐标,设门 R1(圈定淋巴细胞群中 10 000 个细胞),之后以 CD3 荧光强度为横坐标,以侧向散射角为纵坐标,设门 R2(圈定 CD3 阳性细胞群),再以 CD4 荧光强度为横坐标,以 CD8 荧光强度为纵坐标,在 UL 象限(左上)和 LR 象限(右下)图中分别显示 CD4$^-$CD8$^+$T 淋巴细胞和 CD4$^+$ CD8$^-$T 淋巴细胞在外周血 T 淋巴细胞群中所占的百分比。

(3)巨噬细胞的检测:以前向散射角和侧向散射角分别作为横坐标和纵坐标,设门 R1(圈定单核巨噬细胞群内 1 000 个细胞),检测该群细胞中 CD14 阳性的经典的单核细胞所占的百分比。

(4)中性粒细胞的检测:以前向散射角和侧向散射角分别作为横坐标和纵坐标,圈定粒细胞群内 10 000 个细胞,设为 R1 门。随后,以 SWC8 荧光强度为横坐标,以 CD14 荧光强度为纵坐标,在 UR 象限(右上)图中显示中性粒细胞在粒细胞群中所占的百分比。

5.2.3 抗体应答情况分析

采用 ELISA 检测各组猪血清中 IgG、IgM 及 IgG 亚型(IgG1 和 IgG2)的水平。实验方法如下。

5.2.3.1 血清 IgG 检测

各实验组检测 IgG 的操作方法参照本书的 3.2.4.1 章节,预实验中筛选并比较了抗原最佳包被浓度。7 种重组蛋白抗原包被浓度略有不同,其中 rTs-p43 和 rTs-p45 的最佳抗原包被浓度为 10 μg/mL,其他 5 种蛋白的最佳抗原包被浓度均为 5 μg/mL。各实验组的待检血清稀释倍数均为 100 倍,二抗为 HRP 标记的小鼠抗猪 IgG 抗体,稀释倍比均为 1∶5 000。

5.2.3.2 血清 IgM 检测

各实验组检测 IgM 的操作方法参照本书的 3.2.4.1 章节,预实验中筛选并比较了抗原最佳包被浓度。7 种重组蛋白抗原包被浓度存在差异:rTs-serpin 的最佳抗原包被浓度为 5 μg/mL,rTs-clp 的最佳抗原包被浓度为 10 μg/mL,rTs-T668 的最佳抗原包被浓度为 15 μg/mL,而 rTs-zh68、rTs-p43、rTs-p45 和 rTsp53 的最佳抗原包被浓度均为 20 μg/mL。各实验组的待检血清稀释倍数均为 100 倍,二抗为 HRP 标记的小鼠抗猪 IgM 抗体,其稀释倍比同样为 1∶5 000。

5.2.3.3　血清 IgG1 和 IgG2 检测

各实验组检测 IgG1 和 IgG2 的操作方法参照本书的 3.2.4.1 章节,预实验中筛选并比较了抗原最佳包被浓度。7 种重组蛋白抗原包被浓度略有不同,其中 rTs-serpin、rTs-p45、rTs-p53 和 rTs-p43 的最佳抗原包被浓度为 10 μg/mL,rTs-T668 和 rTs-zh68 的最佳抗原包被浓度为 15 μg/mL,rTs-clp 的最佳抗原包被浓度为 5 μg/mL。各实验组的待检血清稀释倍数均为 50 倍。二抗选用无标记的小鼠抗猪 IgG1 抗体或小鼠抗猪 IgG2 抗体(抗体类型均为小鼠 IgG),稀释比例均为 1∶1 000。二抗孵育结束后,洗涤 ELISA 板 5 次,每次 3 min。之后加入 HRP 酶标记的山羊抗小鼠 IgG,以 1∶2 000 的比例稀释,37 ℃孵育 1 h。再次洗涤 ELISA 板后,加入 TMB 底物液,室温避光 10 min,随后加入 2 mol/L 的 H_2SO_4 终止反应,并读取 OD_{450} 吸光值。

5.2.4　细胞因子检测

使用 ELISA 检测试剂盒,采用双抗夹心法检测第 2 次免疫后 2 周时各组血清中细胞因子 IFN-γ、IL-2、IL-4 和 IL-10 的水平。通过试剂盒检测相应细胞因子标准品,绘制标准曲线。随后,将检测样品的吸光值(OD_{450})代入标准曲线,计算出待检血清中各种细胞因子的浓度。具体操作按照试剂盒说明书进行。

5.2.5　统计学处理

使用 SPSS 13.0 软件,采用 T 检验方法对所有数据的差异进行显著性分析。各实验组与对照组之间具有显著差异的,用 $^*P<0.05$、$^{**}P<0.01$ 或 $^{***}P<0.001$ 标注。所有实验均重复操作 3 次。

5.3 结果

5.3.1 流式细胞分析结果

5.3.1.1 T淋巴细胞分析结果

T淋巴细胞的两个重要的细胞亚群——CD4$^+$T淋巴细胞(Th)和CD8$^+$T淋巴细胞(Ts/Tc)——的比例变化指示机体的免疫功能状态。图5-1为这两个细胞亚群比例变化的统计学分析($^*P<0.05$)。图5-2为实验动物第2次免疫后2周时,PBS对照组(a)、IMS1313对照组(b)以及各重组蛋白组rTs-zh68(c)、rTs-clp(d)、rTs-serpin(e)、rTs-T668(f)、rTs-p45(g)、rTs-p53(h)、rTs-p43(i)外周血中CD4$^+$T淋巴细胞和CD8$^+$T淋巴细胞的比例变化情况。由此图可知,与PBS对照组相比,第2次免疫后2周,rTs-zh68、rTs-clp、rTs-T668和rTs-p53这4种重组蛋白免疫后的实验动物外周血中CD4$^+$T淋巴细胞的比例显著($^*P<0.05$)升高,rTs-serpin重组蛋白组中该类细胞比例显著($^*P<0.05$)降低,而IMS1313对照组、rTs-p43和rTs-p45重组蛋白免疫组则无显著变化。同样,如图5-1和图5-2所示,与PBS对照组相比,第2次免疫后2周,除rTs-p53重组蛋白免疫组实验动物外周血中CD8$^+$T淋巴细胞比例显著($^*P<0.05$)降低外,其他各实验组的CD8$^+$T淋巴细胞比例均无显著变化。CD4$^+$T淋巴细胞在体液免疫和细胞免疫中都发挥着重要的作用,该类细胞比例的升高表明Ts-zh68、Ts-clp、Ts-T668和Ts-p53这4种重组蛋白刺激了机体免疫应答,使其处于活跃状态;而rTs-p43和rTs-p45重组蛋白组的刺激效果则不明显。至于rTs-serpin重组蛋白导致CD4$^+$T淋巴细胞比例下降的原因,尚有待深入研究。

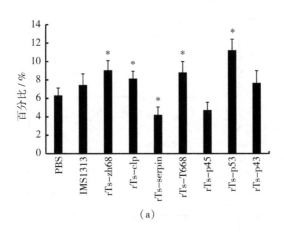

(a)

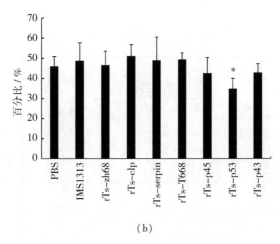

(b)

图 5-1　CD4$^+$T 淋巴细胞(a)、CD8$^+$T 淋巴细胞(b)比例变化的统计学分析($^*P<0.05$)

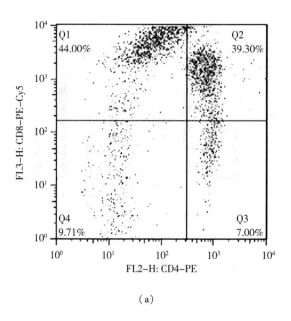

（a）

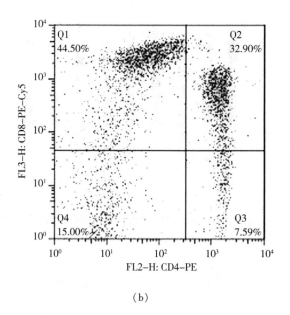

（b）

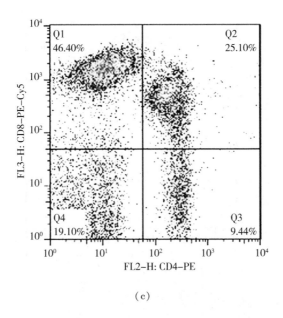

（c）

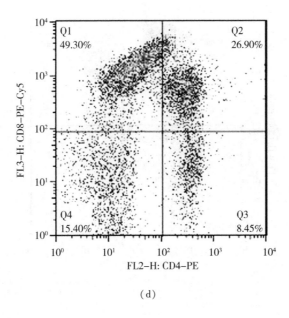

（d）

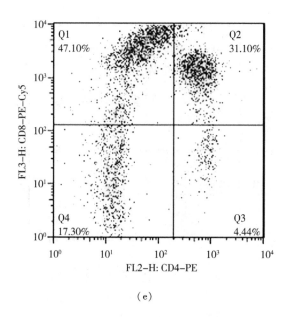

（e）

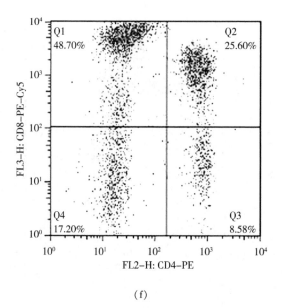

（f）

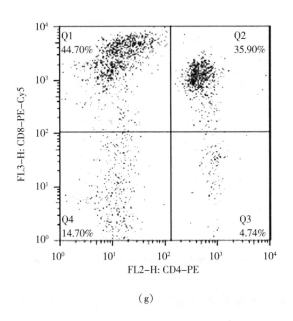

（g）

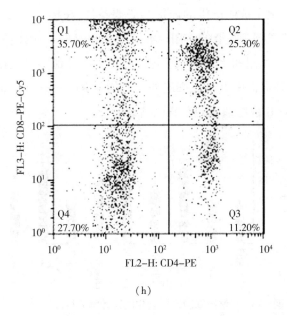

（h）

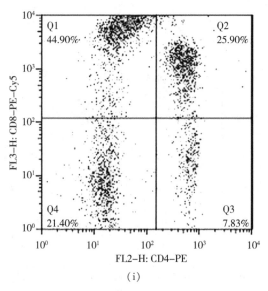

（i）

图 5-2 实验动物外周血 T 淋巴细胞 CD4$^+$、CD8$^+$分子的表达情况

5.3.1.2　B 淋巴细胞分析结果

外周血中 B 淋巴细胞的比例变化反映了宿主体液免疫应答能力的强弱。B 淋巴细胞大量增殖是抗体产生的前提和必要条件,在抗旋毛虫免疫中,特异性的体液免疫应答发挥了重要的作用。如图 5-3 和图 5-4 所示,与 PBS 对照组相比,除 IMS1313 对照组和 Ts-p45 重组蛋白组之外,其他实验组在第 2 次免疫 2 周后,实验动物外周血中 B 淋巴细胞的比例均显著($^*P<0.05$)升高,其中 rTs-zh68 重组蛋白组 B 淋巴细胞的升高比例最大。

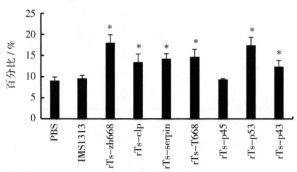

图 5-3　B 淋巴细胞比例变化的统计学分析($^*P<0.05$)

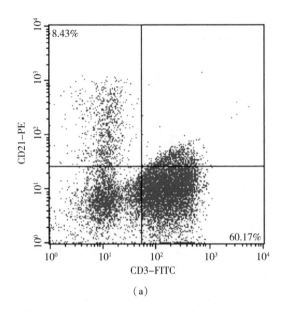

（a）

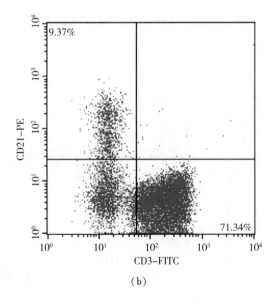

（b）

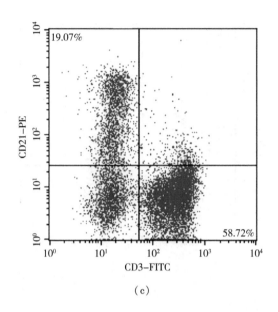

（c）

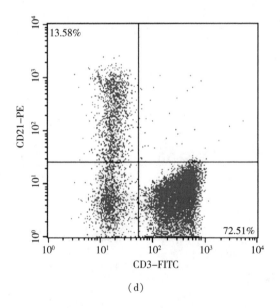

（d）

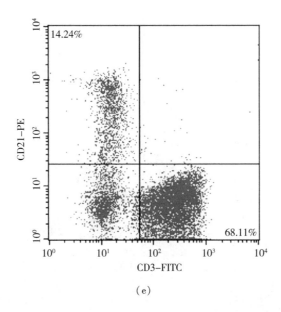

（e）

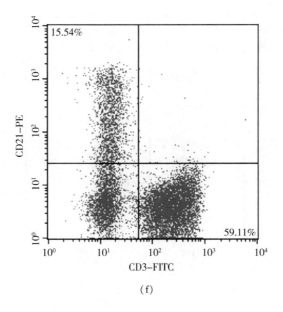

（f）

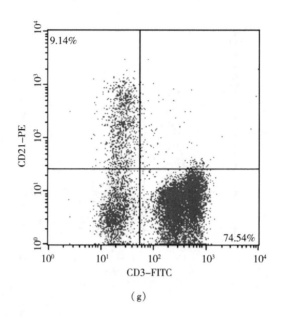

（g）

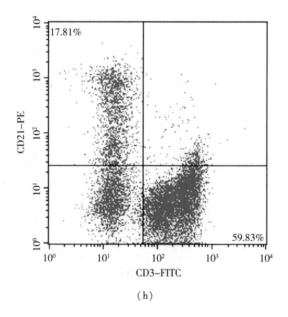

（h）

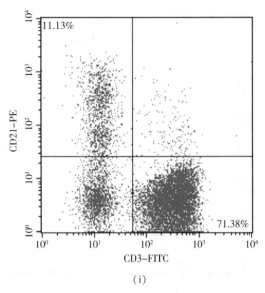

(i)

图 5-4　比较分析各实验组外周血 B 淋巴细胞比例变化

PBS 对照组(a);IMS1313 对照组(b);rTs-zh68 重组蛋白组(c);rTs-clp 重组蛋白组(d);

rTs-serpin 重组蛋白组(e);rTs-T668 重组蛋白组(f);rTs-p45 重组蛋白组(g);

rTs-p53 重组蛋白组(h);rTs-p43 重组蛋白组(i)

5.3.1.3　巨噬细胞分析结果

旋毛虫感染后第 6 天(Ad6),成虫大量产生新生幼虫。许多研究发现,这一时期旋毛虫能够调节宿主的免疫应答,抑制宿主抗旋毛虫新生幼虫的免疫反应。实验室前期在小鼠模型中发现,旋毛虫感染早期能够引起小鼠外周血巨噬细胞水平下降。研究结果如图 5-5 和图 5-6 所示。由图可知,与空白组相比,PBS 对照组、IMS1313 对照组、rTs-zh68 重组蛋白组和 rTs-p53 重组蛋白组实验动物外周血中巨噬细胞水平均下降,但差异不显著。这说明旋毛虫感染后第 6 天对这 4 组的实验动物的外周血中巨噬细胞产生一定程度上的抑制作用,但这种抑制作用并不显著;而其他 5 个重组蛋白组与空白组相比,巨噬细胞水平并未下降。其中,与 PBS 对照组相比,rTs-clp 重组蛋白组和 rTs-p43 重组蛋白组的巨噬细胞水平显著($^*P<0.05$)升高。这说明与未接种任何重组蛋白和佐剂的旋毛虫感染猪相比,rTs-clp 和 rTs-p43 重组蛋白免疫动物后均显著促进了巨噬细胞水平的升高。

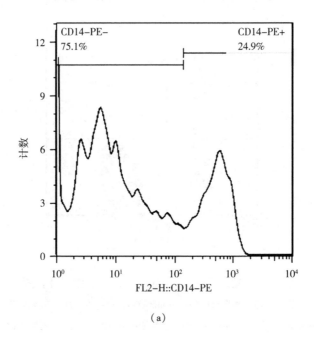

（a）

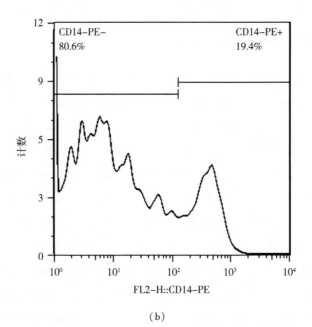

（b）

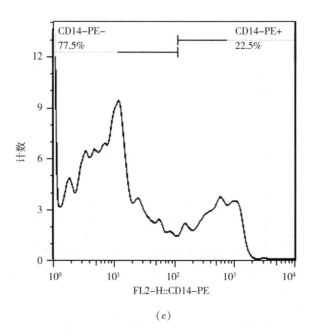

（c）

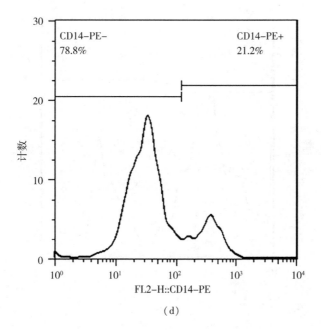

（d）

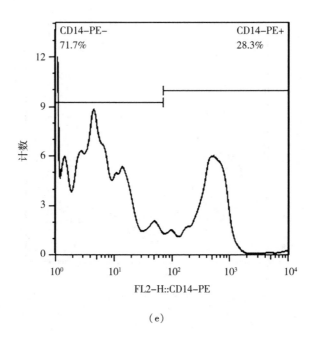

（e）

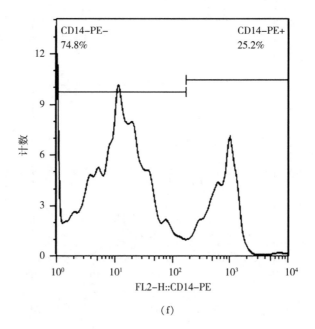

（f）

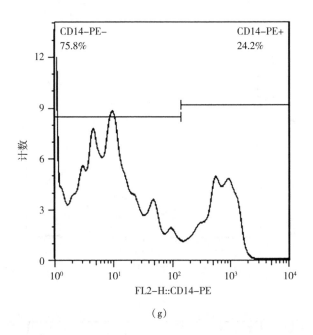

（g）

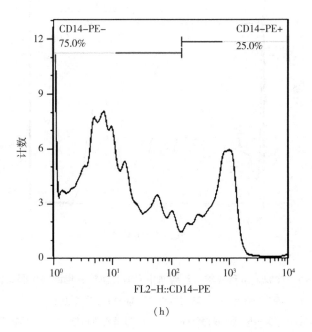

（h）

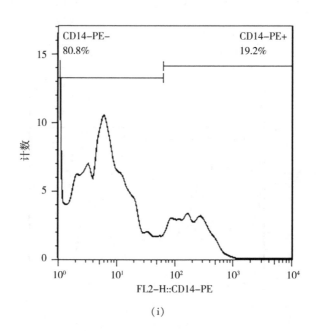

(i)

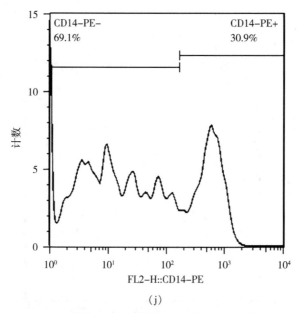

(j)

图 5-5　比较分析各实验组外周血中 CD14⁺ 单核巨噬细胞比例变化

空白对照组(a)；PBS 对照组(b)；IMS1313 对照组(c)；

rTs-zh68 重组蛋白组(d)；rTs-clp 重组蛋白组(e)；rTs-serpin 重组蛋白组(f)；rTs-T668 重组蛋白组(g)；

rTs-p45 重组蛋白组(h)；rTs-p53 重组蛋白组(i)；rTs-p43 重组蛋白组(j)

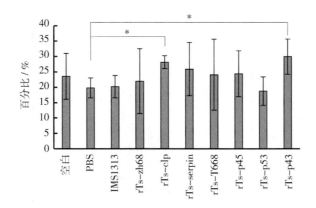

图 5-6　外周血中 CD14$^+$单核巨噬细胞比例变化的统计学分析(* $P<0.05$)

5.3.1.4　中性粒细胞分析结果

很多研究都发现中性粒细胞不仅在抵抗细菌感染中发挥着重要的作用,还在杀伤疟原虫、丝虫等寄生虫中发挥作用。此外,有文献报道中性粒细胞可以通过抗体依赖性的细胞介导的细胞毒作用(ADCC)杀伤旋毛虫新生幼虫。本书检测了感染旋毛虫后第 6 天实验动物外周血中中性粒细胞水平变化,并与空白对照组进行了比较,结果如图 5-7 和图 5-8 所示,PBS 对照组、IMS1313 对照组、rTs-p45 重组蛋白组和 rTs-p53 重组蛋白组中性粒细胞水平显著(* $P<0.05$)下降。其中,rTs-p53 重组蛋白组与 PBS 对照组相比也呈现显著(* $P<0.05$)下降,这说明旋毛虫感染后第 6 天对这 4 组中实验动物外周血中中性粒细胞产生了免疫抑制作用,而 rTs-p53 重组蛋白的接种很可能加强了这种免疫抑制作用。

此外,与空白组相比,rTs-clp 重组蛋白组和 rTs-p43 重组蛋白组中性粒细胞水平略有升高,但差异不显著;rTs-zh68 重组蛋白组和 rTs-T668 重组蛋白组与空白组水平相当。这说明这 4 种重组蛋白在不同程度上消除了旋毛虫对中性粒细胞的抑制作用。

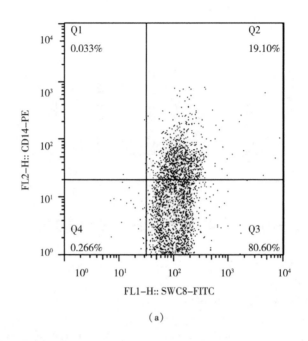

（a）

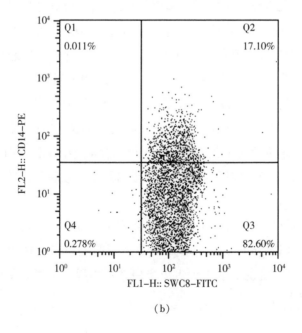

（b）

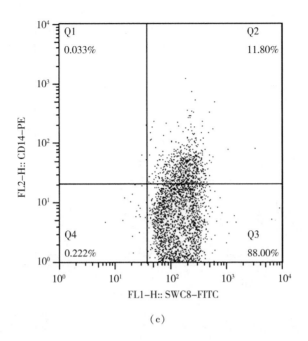

（c）

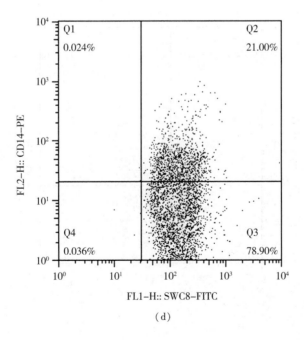

（d）

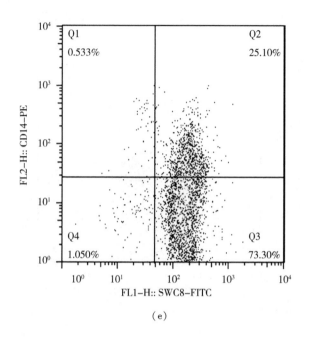

（e）

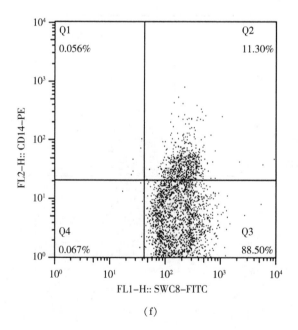

（f）

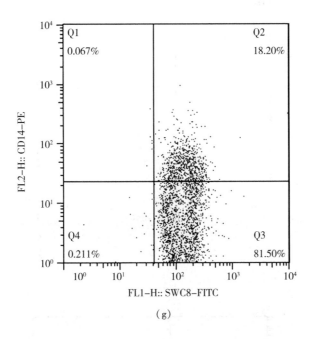

（g）

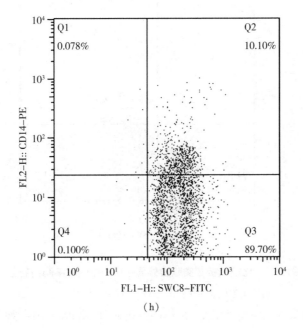

（h）

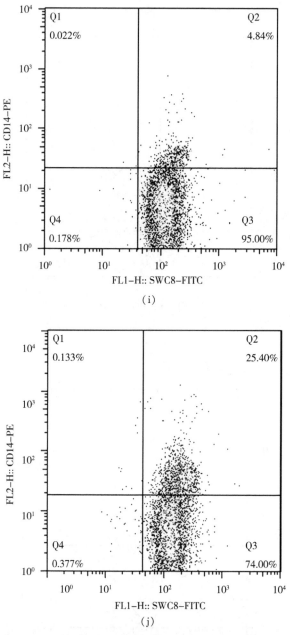

(i)

(j)

图 5-7　比较分析各实验组外周血中的中性粒细胞的变化

空白对照组(a)；PBS 对照组(b)；IMS1313 对照组(c)；

rTs-zh68 重组蛋白组(d)；rTs-clp 重组蛋白组(e)；rTs-serpin 重组蛋白组(f)；rTs-T668 重组蛋白组(g)；

rTs-p45 重组蛋白组(h)；rTs-p53 重组蛋白组(i)；rTs-p43 重组蛋白组(j)

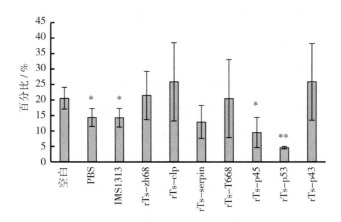

图 5-8　外周血中的中性粒细胞变化的统计学分析（$^*P<0.05,^{**}P<0.01$）

5.3.2　特异性抗体应答分析

5.3.2.1　IgG 抗体变化趋势分析

图 5-9 为 rTs-zh68 重组蛋白组、rTs-clp 重组蛋白组、rTs-serpin 重组蛋白组、rTs-T668 重组蛋白组、rTs-p45 重组蛋白组、rTs-p53 重组蛋白组、rTs-p43 重组蛋白组分别与 PBS 对照组和 IMS1313 对照组相比，血清抗体 IgG 的变化情况。

（1）rTs-zh68 重组蛋白诱导血清 IgG 情况如图 5-9（a）所示。由该图可知，首次免疫后 IgG 水平开始缓慢上升，但第 2 次免疫前一直未超过阳性阈值。第 2 次免疫后 IgG 水平迅速升高，第二次免疫 2 周后抗体水平接近最高值，之后一直保持该水平至实验结束。

（2）rTs-clp 重组蛋白诱导血清 IgG 情况如图 5-9（b）所示。由该图可知，首次免疫后 IgG 水平开始缓慢上升，两周后超过阳性阈值。第 2 次免疫后 IgG 水平迅速升高，第 2 次免疫 2 周后抗体水平达到最高值，之后一直保持该水平至实验结束。

（3）rTs-serpin 重组蛋白诱导血清 IgG 情况如图 5-9（c）所示。由该图可知，首次免疫后 IgG 水平开始缓慢上升，但第 2 次免疫前一直未超过阳性阈值。

第 2 次免疫后 IgG 水平迅速升高并超过阳性阈值,之后抗体水平一直呈上升趋势,直至实验结束。

(4)rTs-T668 重组蛋白诱导血清 IgG 情况如图 5-9(d)所示。由该图可知,首次免疫后 IgG 水平开始缓慢上升,4 周后达到阳性水平。第 2 次免疫后 IgG 水平迅速升高,但 2 周后开始缓慢回落。至攻虫感染第 6 天后 IgG 水平再次迅速升高,且一直保持上升趋势,至攻虫后第 4 周时抗体达到最高峰,之后保持该抗体水平直至实验结束。

(5)rTs-p45 重组蛋白诱导血清 IgG 情况如图 5-9(e)所示。由该图可知,首次免疫后 IgG 水平无明显变化。第 2 次免疫后抗体开始迅速升高,2 周后抗体达到最高水平,但之后开始缓慢下降。第 2 次免疫后第 7 周抗体水平又开始缓慢上升,直至实验结束。

(6)rTs-p53 重组蛋白诱导血清 IgG 情况如图 5-9(f)所示。由该图可知,首次免疫后 IgG 水平无明显变化。第 2 次免疫后抗体开始迅速升高,2 周后抗体达到最高水平。至第 2 次免疫后第 5 周抗体水平开始缓慢下降,直至实验结束。

(7)rTs-p43 重组蛋白诱导血清 IgG 情况如图 5-9(g)所示。由该图可知,首次免疫后 IgG 水平略有升高,但第 2 次免疫前一直未超过阳性阈值。第 2 次免疫后抗体开始迅速升高并超过阳性阈值,2 周后抗体接近最高水平。攻虫感染后抗体略有升高,之后抗体呈较缓慢的下降趋势,直至实验结束。

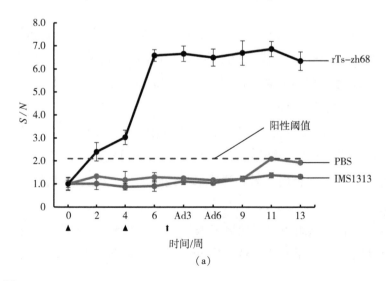

(a)

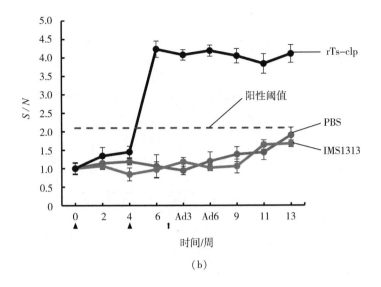

（b）

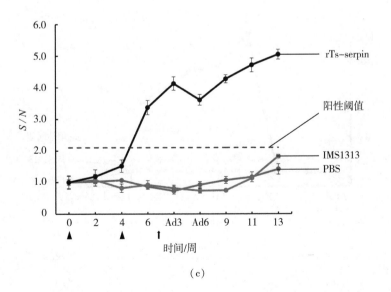

（c）

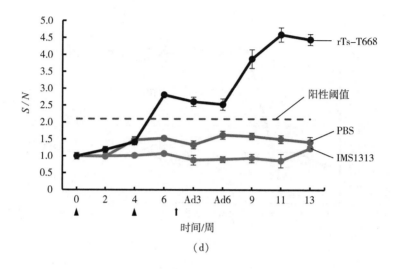

（d）

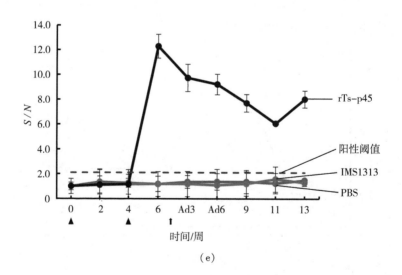

（e）

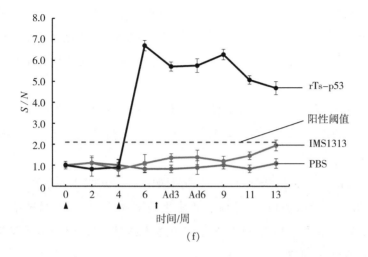

(f)

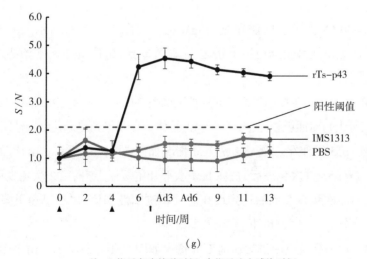

（g）

注：▲指示免疫接种时间，↑指示攻虫感染时间

图 5-9　各实验组动物血清中相应重组蛋白的特异性抗体 IgG 水平的动态变化

rTs-zh68(a)；rTs-clp(b)；rTs-serpin(c)；rTs-T668(d)；

rTs-p45(e)；rTs-p53(f)；rTs-p43(g)

5.3.2.2　IgM 抗体变化趋势分析

图 5-10 为 rTs-zh68 重组蛋白组、rTs-clp 重组蛋白组、rTs-serpin 重组蛋白组、rTs-T668 重组蛋白组、rTs-p45 重组蛋白组、rTs-p53 重组蛋白组、rTs-p43 重组蛋白组分别与 PBS 对照组和 IMS1313 对照组相比,血清抗体 IgM 的变化情况。

(1)rTs-zh68 重组蛋白诱导血清 IgM 情况如图 5-10(a)所示。由该图可知,重组蛋白免疫接种组与对照组相比,无显著差异,抗体 IgM 水平始终未达到阳性阈值。

(2)rTs-clp 重组蛋白诱导血清 IgM 情况如图 5-10(b)所示。由该图可知,重组蛋白 rTs-clp 首次免疫后,抗体 IgM 水平与对照组相比,无明显差异;第 2 次免疫后 IgM 水平迅速升高,第 2 次免疫后 2 周超过阳性阈值,之后又迅速下降至阳性阈值以下,直至实验结束。

(3)rTs-serpin 重组蛋白诱导血清 IgM 情况如图 5-10(c)所示。由该图可知,重组蛋白免疫接种组与对照组相比,无显著差异,抗体 IgM 水平始终未达到阳性阈值。

(4)rTs-T668 重组蛋白诱导血清 IgM 情况如图 5-10(d)所示。由该图可知,重组蛋白免疫接种组与对照组相比,无显著差异,抗体 IgM 水平始终未达到阳性阈值。

(5)rTs-p45 重组蛋白诱导血清 IgM 情况如图 5-10(e)所示。由该图可知,重组蛋白免疫接种组与对照组相比,无显著差异,抗体 IgM 水平始终未达到阳性阈值。

(6)rTs-p53 重组蛋白诱导血清 IgM 情况如图 5-10(f)所示。由该图可知,重组蛋白 rTs-p53 首次免疫后,抗体 IgM 水平开始缓慢上升;第 2 次免疫后开始快速上升,第 2 次免疫 2 周后达到最高值且超过阳性阈值,之后迅速下降,于攻虫后第 3 天降至阳性阈值以下,直至实验结束。

(7)rTs-p43 重组蛋白诱导血清 IgM 情况如图 5-10(g)所示。由该图可知,重组蛋白免疫接种组与对照组相比,无显著差异,抗体 IgM 水平始终未达到阳性阈值。

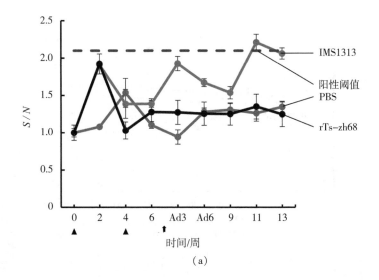

（a）

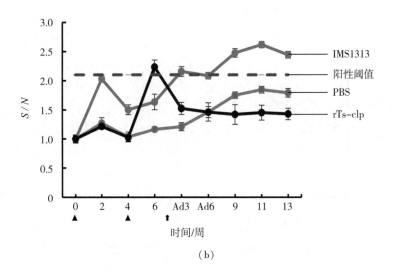

（b）

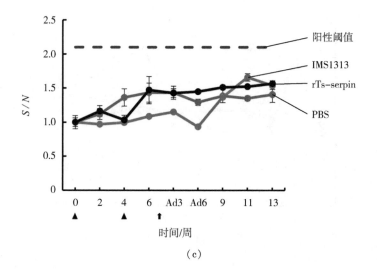

（c）

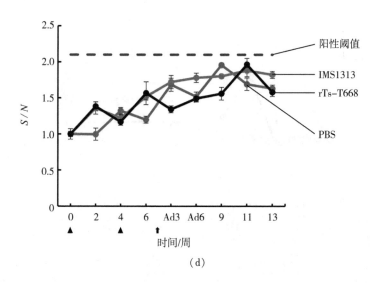

（d）

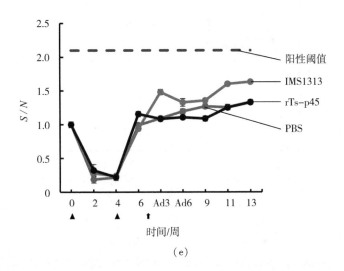

（e）

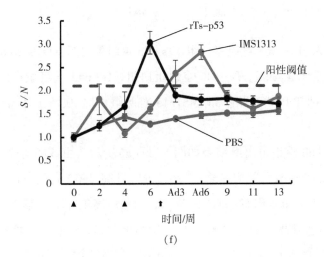

（f）

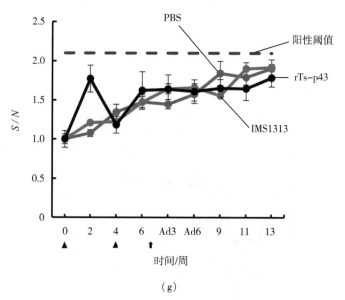

（g）

注：▲指示免疫接种时间，↑指示攻虫感染时间

图 5-10　各实验组动物血清中相应重组蛋白的特异性抗体 IgM 水平的动态变化

rTs-zh68(a)；rTs-clp(b)；rTs-serpin(c)；rTs-T668(d)；

rTs-p45(e)；rTs-p53(f)；rTs-p43(g)

5.3.2.3　IgG1 和 IgG2 抗体变化趋势分析

图 5-11 为 rTs-zh68 重组蛋白组、rTs-clp 重组蛋白组、rTs-serpin 重组蛋白组、rTs-T668 重组蛋白组、rTs-p45 重组蛋白组、rTs-p53 重组蛋白组、rTs-p43 重组蛋白组分别与 PBS 对照组和 IMS1313 对照组相比，血清抗体 IgG1 和 IgG2 的变化情况。

（1）rTs-zh68 重组蛋白组结果如图 5-11(a)所示。由该图可知，首次免疫后 2 周，2 种抗体亚型水平均显著($P<0.01$)升高，IgG2 高于 IgG1，但差异不显著。首次免疫后第 4 周时，IgG2 显著($P<0.05$)高于 IgG1。第 2 次免疫 2 周后，2 种抗体迅速升高至最高水平，且二者无显著差异。该趋势一直保持到攻虫感染后第 4 周，之后 IgG1 水平显著($P<0.05$)下降，而 IgG2 水平无显著变化，IgG2 显著($P<0.05$)高于 IgG1，直至实验结束。

（2）rTs-clp 重组蛋白组结果如图 5-11(b)所示。由该图可知，首次免疫后

2 种抗体均无明显升高。第 2 次免疫 2 周后,2 种抗体均迅速升高至最高水平,且二者无显著差异。攻虫后,2 种抗体水平均呈下降趋势,但 IgG1 下降速度较快,IgG2 显著($^*P<0.05$)高于 IgG1,直至实验结束。

（3）rTs-serpin 重组蛋白组结果如图 5-11（c）所示。由该图可知,首次免疫后 2 种抗体水平均无显著升高。第 2 次免疫 2 周后,IgG2 抗体水平升高。攻虫感染后,2 种抗体水平继续缓慢上升,IgG2 水平高于 IgG1,但 2 种抗体水平均较低。直至攻虫后第 4 周,2 种抗体迅速升高到较高水平,IgG1 和 IgG2 水平差异不再显著,直至实验结束。

（4）rTs-T668 重组蛋白组结果如图 5-11（d）所示。由该图可知,首次免疫后 2 种抗体水平均无显著升高。第 2 次免疫 2 周后,2 种抗体水平迅速显著（ $^*P<0.05$ ）升高,且 IgG2 显著（ $^*P<0.05$ ）高于 IgG1。至攻虫感染 2 周后,2 种抗体水平差异不再显著,直至实验结束。

（5）rTs-p45 重组蛋白组结果如图 5-11（e）所示。由该图可知,首次免疫后 2 种抗体水平均无显著升高。第 2 次免疫 2 周后,2 种抗体水平迅速显著（ $^{**}P<0.01$ ）升高至最高值,此时 IgG1 水平高于 IgG2。之后,2 种抗体水平均开始缓慢下降。攻虫感染第 6 天后,IgG2 水平显著高于（ $^*P<0.05$ ）IgG1,至实验结束时,2 种抗体均降至较低水平,差异不再显著。

（6）rTs-p53 重组蛋白组结果如图 5-11（f）所示。由该图可知,首次免疫后 2 种抗体水平均无显著升高。第 2 次免疫 2 周后,2 种抗体水平迅速显著（ $^{**}P<0.01$ ）升高至最高值,且二者水平无显著差异。之后,2 种抗体水平均开始缓慢下降。攻虫感染第 3 天后,IgG2 水平显著（ $^*P<0.05$ ）高于 IgG1。至攻虫感染 2 周时,IgG1 水平升高,2 种抗体水平差异消除。之后,IgG1 水平再次下降。直至实验结束时,IgG2 水平显著（ $^*P<0.05$ ）高于 IgG1。

（7）rTs-p43 重组蛋白组结果如图 5-11（g）所示。由该图可知,整个实验过程中,2 种抗体均处于较低水平。IgG2 抗体水平于第 2 次免疫 2 周后开始显著（ $^*P<0.05$ ）升高,IgG1 抗体仅在第 2 次免疫后 2 周时水平上升显著（ $^*P<0.05$ ）,其余时间点均无明显升高。

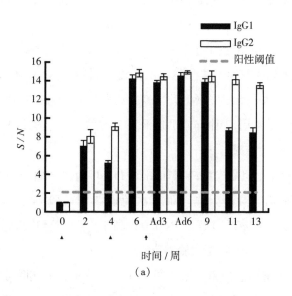

（a）

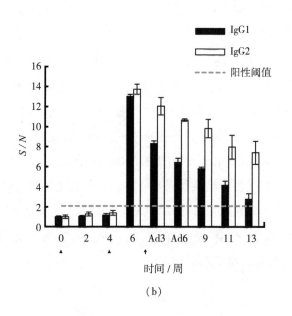

（b）

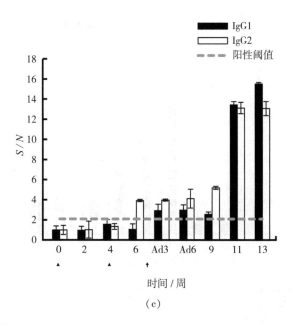

（c）

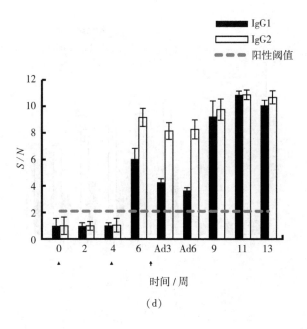

（d）

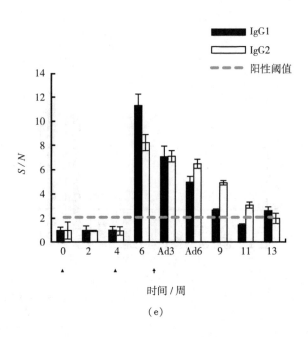

（e）

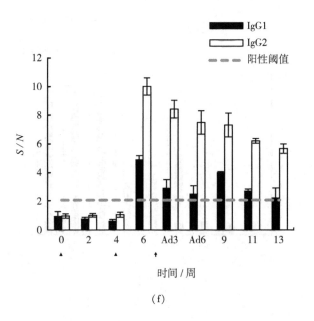

（f）

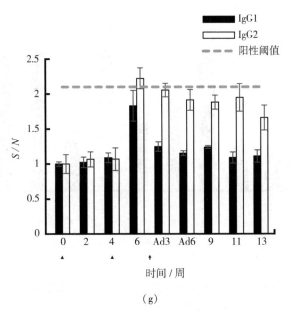

（g）

注：▲指示免疫接种时间，↑指示攻虫感染时间

图 5-11　各实验组动物血清中相应重组蛋白的特异性抗体 IgG1 和 IgG2 水平的动态变化

rTs-zh68(a)；rTs-clp(b)；rTs-serpin(c)；rTs-T668(d)；rTs-p45(e)；rTs-p53(f)；rTs-p43(g)

5.3.3　细胞因子变化趋势分析

如图 5-12 所示，第 2 次免疫后 2 周，采用 ELISA 方法检测了各实验组动物血清中 Th1 型(IFN-γ 和 IL-2)和 Th2 型(IL-4 和 IL-10)免疫应答的标志性细胞因子的变化，结果发现：与 PBS 对照组相比，rTs-serpin 重组蛋白能显著（$^{**}P<0.01$ 或 $^{***}P<0.001$）刺激除 IL-2 之外的其余 3 种细胞因子升高，而其余 6 种重组蛋白则能够显著（$^{*}P<0.05$、$^{**}P<0.01$ 或 $^{***}P<0.001$）刺激这 4 种细胞因子水平均升高。相比之下，ISM1313 对照组并未刺激这些细胞因子发生显著变化。

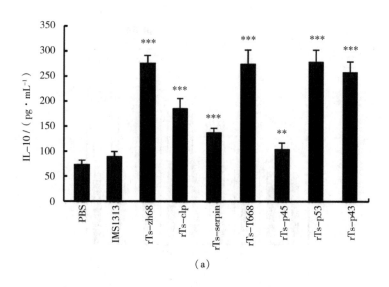

（a）

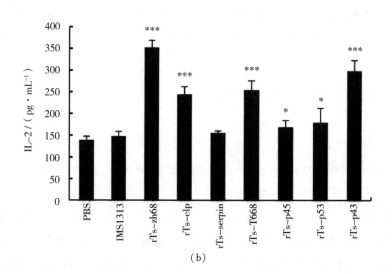

（b）

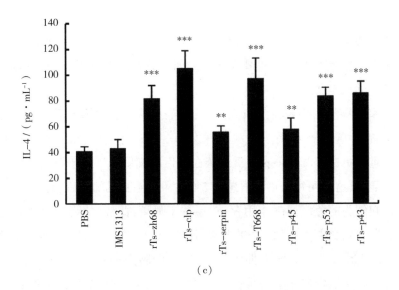

（c）

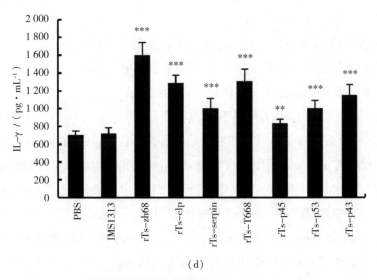

（d）

图 5-12　各实验组外周血中细胞因子 IL-10（a）、IL-2（b）、IL-4（c）

和 IFN-γ（d）水平变化的统计学分析（ $^*P<0.05$ 、$^{**}P<0.01$ 或 $^{***}P<0.001$）

5.4 讨论

研究发现旋毛虫对天然免疫系统具有免疫抑制作用,且这种抑制作用在旋毛虫成虫期和新生幼虫移行期最为显著。消除旋毛虫感染引起的免疫抑制对于杀伤新生幼虫至关重要。

实验室前期利用小鼠模型研究发现,旋毛虫感染后的第 1 天至第 11 天能够显著抑制巨噬细胞水平。实验结果发现,PBS 对照组、IMS1313 对照组、rTs-zh68 重组蛋白组和 rTs-p53 重组蛋白组巨噬细胞水平低于空白对照组,但差异并不显著,这表明每头猪灌胃感染 5 000 条旋毛虫肌幼虫后,旋毛虫对猪外周血中巨噬细胞的免疫抑制作用存在,但并不显著;此外,值得注意的是,其他 5 个重组蛋白组的巨噬细胞水平并未下降,尤其当 rTs-clp 重组蛋白组和 rTs-p43 重组蛋白组与 PBS 对照组相比,巨噬细胞水平显著($^*P<0.05$)升高,这提示这 5 种重组蛋白在不同程度上消除了旋毛虫对巨噬细胞的免疫抑制作用,且 rTs-clp 和 rTs-p43 的这种消除免疫抑制的效果相对较好。此结果与第 2 章中 rTs-clp 和 rTs-p43 能够诱导保护性免疫的结果相符,说明这 2 种重组蛋白虽然并未显著促进巨噬细胞水平升高,但消除了旋毛虫感染后对巨噬细胞的免疫抑制,它们很可能通过促使巨噬细胞在旋毛虫感染后发挥正常的吞噬和抗原递呈等天然免疫应答作用,进而促进对旋毛虫幼虫的杀伤。

中性粒细胞能够通过参与抗体依赖性的细胞介导的细胞毒作用来杀伤蠕虫,这种作用在体外实验以及早期旋毛虫活疫苗研制中都已得到证实。研究发现,与未感染旋毛虫的空白对照组相比,在感染旋毛虫后(Ad6),PBS 对照组、IMS1313 对照组、rTs-p45 重组蛋白组和 rTs-p53 重组蛋白组的中性粒细胞水平显著下降($^*P<0.05$),且 rTs-p53 重组蛋白组下降水平极显著($^{**}P<0.01$),这说明旋毛虫对中性粒细胞存在显著免疫抑制作用。研究还发现,与空白对照组相比,rTs-zh68 和 rTs-T668 两组在感染旋毛虫后(Ad6)中性粒细胞水平无显著变化,rTs-clp 和 rTs-p43 两组中性粒细胞水平略升高,但并不显著,这提示这 4 组中旋毛虫对中性粒细胞的抑制作用被消除,这无疑有利于这 4 种重组蛋白诱导免疫保护作用。

以上对感染旋毛虫后(Ad6)宿主外周血中的 2 种天然免疫细胞水平进行分

析,结果显示,除 rTs-p53 外,其他 6 种重组蛋白均在不同程度上消除了旋毛虫感染对巨噬细胞或中性粒细胞的免疫抑制作用。其中,rTs-T668、rTs-clp 和 rTs-p43 对上述 2 种细胞均表现出免疫抑制的消除作用。这间接反映了旋毛虫感染后分泌的上述 6 种天然蛋白对宿主的天然免疫系统具有免疫抑制作用。对宿主预先免疫接种相对应的重组蛋白后,宿主产生了针对这些蛋白抗原的免疫应答,产生了记忆性免疫细胞及特异性抗体。

研究发现,旋毛虫分泌的蛋白酶及抑制剂通常对寄生虫的存活和寄生十分重要。通过特异性抗体抑制这些酶的活性后,可能不利于寄生虫的存活。此外,一些其他微生物分泌的蛋白酶及抑制剂也被发现可以帮助其逃避宿主的防御系统,因此相应的特异性抗体还可能通过抑制蛋白酶或抑制剂的活性,进而削弱免疫逃避作用。总之,重组蛋白诱导宿主产生的特异性免疫应答可能通过以上机制导致疫苗接种后宿主感染的旋毛虫分泌的相应天然蛋白的生物活性被削弱,从而发挥对宿主的免疫保护作用。

在 IgG 亚型分析中,IgG1 抗体水平代表 Th2 型免疫应答,IgG2 抗体水平代表 Th1 型免疫应答。大量研究结果证实,旋毛虫感染后能够诱导宿主产生以 Th2 型为主的免疫应答,这很可能与旋毛虫对宿主的免疫抑制作用有关。研究发现,rTs-T668、rTs-zh68 和 rTs-clp 3 种重组蛋白免疫后,均能使实验动物在感染旋毛虫后始终或者某一段时期内处于 Th1 型免疫应答占优势的 Th1/Th2 混合免疫应答状态。这恰巧与这 3 种蛋白能够诱导产生较好的免疫保护效果相一致。旋毛虫是细胞内寄生的线虫,而 Th1 型免疫应答的主要作用是清除细胞内感染。然而,rTs-serpin 和 rTs-p45 重组蛋白组虽然在感染后的某段时间也表现出 Th1 免疫应答占优势,但由于这 2 组中 IgG2 水平显著($P<0.05$)高于 IgG1 时,IgG1 抗体水平很低,因此并未呈现典型的 Th1/Th2 混合免疫应答状态。

研究发现,Th1/Th2 混合免疫应答的产生对于清除旋毛虫感染十分重要。此外值得注意的是,尽管 rTs-p43 重组蛋白组的 IgG2 和 IgG1 抗体水平始终很低,但该重组蛋白却诱导产生了较显著($P<0.05$)的肌幼虫减虫效果,推测与该组蛋白明显消除了旋毛虫感染对中性粒细胞和巨噬细胞的免疫抑制有关;而 rTs-p53 重组蛋白组虽然也导致旋毛虫感染后某一段时期内处于 Th1 型免疫应答占优势的 Th1/Th2 混合免疫应答状态,但几乎没有表现出任何肌幼虫减虫效

果,我们推测这与该重组蛋白组中天然免疫细胞(中性粒细胞和巨噬细胞)水平受到显著(*P<0.05)抑制有关。这提示重组蛋白诱导产生的抗旋毛虫保护性效果可能与多个保护性免疫应答因素有关。诱导 Th1 型占优势的 Th1/Th2 混合免疫应答,同时促进维持正常水平的天然免疫应答能力,可能是预防宿主感染旋毛虫的免疫应答的关键。

此外,T 淋巴细胞和 B 淋巴细胞的流式细胞分析结果显示,与 PBS 对照组相比,第 2 次免疫后 2 周,rTs-p45 重组蛋白组未能促进 CD4+T 淋巴细胞和 B 淋巴细胞水平显著升高,这与该重组蛋白刺激产生的特异性抗体 IgG 水平下降速度较快的结果相符;rTs-serpin 重组蛋白组则导致了 CD4+T 细胞水平显著(*P<0.05)下降,IgG 抗体水平分析也显示,rTs-serpin 重组蛋白组诱导的 IgG 在第 2 次免疫后 2 周时明显低于其他各组。以上结果说明,较弱的这两种重组蛋白刺激体液免疫应答的能力较弱,可能是它们免疫动物后诱导产生的抗旋毛虫保护性较低的原因。

此外,值得注意的是,rTs-T668 重组蛋白组和 rTs-serpin 重组蛋白组均在 Ad6 之后出现了 IgG 抗体水平的再次升高,这提示这一时期旋毛虫很可能分泌了较高水平的天然 Ts-T668 和 Ts-serpin 蛋白,从而刺激相应抗体的再次合成表达。同样,rTs-p45 重组蛋白组在攻虫感染第 4 周后 IgG 抗体水平也出现再次升高,这可能意味着旋毛虫感染的肌幼虫期分泌了较高水平的天然 Ts-p45 蛋白,刺激相应抗体的再次合成表达。

在第 3 章佐剂的筛选实验中,添加佐剂 IMS1313 的实验组诱导 IgM 能力突出,推测这可能与保护性免疫相关。然而,在以猪为实验动物的研究中,并未出现相似的现象,仅 rTs-clp 重组蛋白组和 rTs-p53 重组蛋白组在第 2 次免疫 2 周时 IgM 水平呈阳性,这种差异可能是由于实验动物的种属差异所导致的。

很多研究发现细胞免疫应答在抗旋毛虫免疫中同样发挥着重要的作用。实验结果表明,各重组蛋白第 2 次免疫后 2 周均能诱导 Th1(IFN-γ、IL-2)和 Th2(IL-10、IL-4)型细胞因子水平显著升高(*P<0.05、** P<0.01 或 *** P<0.001)。此外,ELISA 的检测结果也显示 rTs-zh68、rTs-T668、rTs-clp 和 rTs-p43 重组蛋白诱导产生的细胞因子水平较高。

综合上述结果,并结合第 3 章免疫保护性实验的结果,我们可以推测 rTs-zh68、rTs-clp、rTs-T668 和 rTs-p43 这 4 种重组蛋白诱导产生的保护性效果可能与多个保护性免疫应答因素有关。首先,rTs-zh68、rTs-T668 和 rTs-clp 这 3 种重组蛋白均诱导产生了以 Th1 型为主的 Th1/Th2 混合免疫应答。此外,rTs-clp 和 rTs-p43 诱导的免疫保护作用,还可能与其消除了旋毛虫对巨噬细胞和中性粒细胞的免疫抑制作用有关。因此,我们推测诱导以 Th1 型为主的 Th1/Th2 混合免疫应答,同时促进并维持正常水平的天然免疫应答能力,是抗旋毛虫免疫应答的关键。

5.5　小结

(1)在感染旋毛虫后(Ad6),rTs-clp 和 rTs-p43 重组蛋白组与 PBS 对照组相比,巨噬细胞水平显著($^*P<0.05$)升高,均能够消除旋毛虫感染后(Ad6)对巨噬细胞的抑制作用。

(2)与未感染旋毛虫的空白对照组相比,在感染旋毛虫后(Ad6),PBS 对照组、IMS1313 对照组、rTs-p45 重组蛋白组和 rTs-p53 重组蛋白组中性粒细胞水平显著($^*P<0.05$)下降,这说明旋毛虫对中性粒细胞存在显著的免疫抑制作用。

(3)研究发现,与空白对照组相比,rTs-clp 和 rTs-p43 2 组重组蛋白在感染旋毛虫后(Ad6)诱导了中性粒细胞水平略升高,虽不显著,但提示这 2 组中旋毛虫对中性粒细胞的抑制作用被消除。

(4)重组蛋白 rTs-T668、rTs-zh68 和 rTs-clp 免疫后均能使实验动物在感染旋毛虫后始终或者某一段时期内处于 Th1 型免疫应答占优势的 Th1/Th2 混合免疫应答状态,这与这 3 组蛋白表现出的较好的抗旋毛虫保护力一致。

附　录

附表 1-1 缩略词表

英文缩写	英文全称	中文全称及注释
AD	adult worm	成虫
Amp	ampicillin	氨苄青霉素
BIS	bisacrylamide	甲叉丙烯酰胺
bp	base pair	碱基对
cDNA	complementary DNA	互补 DNA
clp	cystatin-like protein	半胱氨酸蛋白酶抑制剂类似物
dpi	days post infection	感染天数
ECL	enhanced chemiluminescence	增强化学发光
E. coli	*Escherichia coli*	大肠埃希菌
ES	excretory-secretory	排泄分泌物
ELISA	enzyme linked immunosorbent assay	酶联免疫吸附测定
FCA	Freund's complete adjuvant	弗氏完全佐剂
FIA	Freund's incomplete adjuvant	弗氏不完全佐剂
FITC	fluorescein isothiocyanate	异硫氰酸荧光素
g	gram	克
His	histidine	组氨酸
HE	hematoxylin-eosin	苏木精-伊红
HRP	horseradish peroxidase	辣根过氧化物酶
IFN-γ	interferon-γ	γ 干扰素
IgG	immunoglobulin G	免疫球蛋白 G
IgM	immunoglobulin M	免疫球蛋白 M
IL-2	interleukin-2	白细胞介素-2
IL-4	interleukin-4	白细胞介素-4
IL-10	interleukin-10	白细胞介素-10
IPTG	isopropyithion β-D-thiogalactoside	异丙基 β-D-硫代半乳糖苷
kan	kanamycin	卡那霉素
kDa	kilodalton	千道尔顿

续表

英文缩写	英文全称	中文全称及注释
L	liter	升
LB	luria-Bertani (broth)	LB 培养基
LPG	larvae per gram	每克肌肉中的幼虫数量
mg	milligram	毫克
mL	milliliter	毫升
mM	millimole	毫摩尔
NBL	newborn larvae	新生幼虫
OD	optical density	光密度
PAGE	polyacrylamide gel electrophoresis	聚丙烯酰胺凝胶电泳
PBS	phosphate-buffered saline	磷酸盐缓冲液
PCR	polymerase chain reaction	聚合酶链式反应
PE	phycoerythrin	藻红蛋白
r/min	revolutions per minute	每分钟转数
SDS	sodium dodecyl sulfate	十二烷基磺酸钠
serpin	serine proteinase inhibitor	丝氨酸蛋白酶抑制剂
Th cell	helperT cell	辅助性 T 细胞
TMB	tetramethylbenzidine	四甲基联苯胺
Tris	trihydroxymethyl aminomethane	三羟甲基氨基甲烷
Ts	*Trichinella spiralis*	旋毛虫
μg	microgram	微克

参考文献

[1]　MURRELL K D, POZIO E. Worldwide occurrence and impact of human trichinellosis, 1986 – 2009 [J]. Emerging Infectious Diseases, 2011, 17: 2194–2202.

[2]　GAJADHAR A A, FORBES L B. A 10-year wildlife survey of 15 species of Canadian carnivores identifies new hosts or geographic locations for *Trichinella genotypes* T2, T4, T5, and T6 [J]. Veterinary Parasitology, 2010, 168(1–2): 78–83.

[3]　POZIO E, HOBERG E, LA ROSA G, et al. Molecular taxonomy, phylogeny and biogeography of nematodes belonging to the *Trichinella* genus [J]. Infection, Genetics and Evolution, 2009, 9(4): 606–616.

[4]　GAMBLE H R, POZIO E, LICHTENFELS J R, et al. *Trichinella pseudospiralis* from a wild pig in Texas [J]. Veterinary Parasitology, 2005, 132(1–2): 147–150.

[5]　POZIO E, LA ROSA G. *Trichinella murrelli* n. sp: etiological agent of sylvatic trichinellosis in temperate areas of North America [J]. The Journal of Parasitology, 2000, 86(1): 134–139.

[6]　POZIO E, LA ROSA G, GOMEZ MORALES M A. Epidemiology of human and animal trichinellosis in Italy since its discovery in 1887 [J]. Parasite (Paris, France), 2001, 8(2 Suppl): S106–108.

[7]　POZIO E, MARUCCI G, CASULLI A, et al. *Trichinella papuae* and *Trichinella zimbabwensis* induce infection in experimentally infected varans, caimans, pythons and turtles [J]. Parasitology, 2004, 128 (Pt 3): 333–342.

[8]　LINDSAY D S, ZARLENGA D S, GAMBLE H R, et al. Isolation and characterization of *Trichinella pseudospiralis* Garkavi, 1972 from a black vulture (*Coragyps atratus*) [J]. The Journal of Parasitology, 1995, 81(6): 920–923.

[9]　RANQUE S, FAUGÈRE B, POZIO E, et al. *Trichinella pseudospiralis* outbreak in France [J]. Emerging Infectious Diseases, 2000, 6(5):

543-547.

[10] WANG Z Q, CUI J. The epidemiology of human trichinellosis in China during 1964-1999 [J]. Parasite (Paris, France), 2001, 8(2 Suppl): S63-66.

[11] CUI J, WANG Z Q, XU B L. The epidemiology of human trichinellosis in China during 2004-2009 [J]. Acta Tropica, 2011, 118(1): 1-5.

[12] WANG Z Q, CUI J, SHEN L J. The epidemiology of animal trichinellosis in China [J]. Veterinary Journal, 2007, 173(2): 391-398.

[13] LIU M Y, BOIREAU P. Trichinellosis in China: epidemiology and control [J]. Trends in Parasitology, 2002, 18(12): 553-556.

[14] LIU M Y, ZHU X P, XU K C, et al. Biological and genetic characteristics of two *Trichinella* isolates in China; comparison with European species [J]. Parasite (Paris, France), 2001, 8(2 Suppl): S34-38.

[15] GASSER R B, ZHU X Q, MONTI J R, et al. PCR-SSCP of rDNA for the identification of *Trichinella* isolates from mainland China [J]. Molecular and Cellular Probes, 1998, 12(1): 27-34.

[16] NÖCKLER K, RECKINGER S, POZIO E. *Trichinella spiralis* and *Trichinella pseudospiralis* mixed infection in a wild boar (*Sus scrofa*) of Germany [J]. Veterinary Parasitology, 2006, 137(3-4): 364-368.

[17] POZIO E, ZARLENGA D S. Recent advances on the taxonomy, systematics and epidemiology of *Trichinella* [J]. International Journal for Parasitology, 2005, 35(1-2): 1191-1204.

[18] SMITH H J. Vaccination of rats and pigs against *Trichinella spiralis spiralis* using the subspecies, *T. spiralis nativa* [J]. Canadian Journal of Veterinary Research – Revue Canadienne de Recherche Veterinaire, 1987, 51 (3): 370-372.

[19] MARTI H P, MURRELL K D, GAMBLE H R. *Trichinella spiralis*: immunization of pigs with newborn larval antigens [J]. Experimental Parasitology, 1987, 63(1): 68-73.

[20] KLINMAN D M, YAMSHCHIKOV G, ISHIGATSUBO Y. Contribution of CpG motifs to the Immunogenicity of DNA vaccines [J]. Journal of Immunology (Baltimore, Md. : 1950), 1997, 158(8): 3635-3639.

[21] KRIEG A M, YI A K, SCHORR J, et al. The role of CpG dinucleotides in DNA vaccines [J]. Trends in Microbiology, 1998, 6(1): 23-27.

[22] LIU P, WANG Z Q, LIU R D, et al. Oral vaccination of mice with *Trichinella spiralis* nudix hydrolase DNA vaccine delivered by attenuated *Salmonella* elicited protective immunity [J]. Experimental Parasitology, 2015, 153: 29-38.

[23] TANG F, XU L, YAN R, et al. A DNA vaccine co-expressing *Trichinella spiralis* MIF and MCD-1 with murine ubiquitin induces partial protective immunity in mice [J]. Journal of Helminthology, 2013, 87(1): 24-33.

[24] YANG Y P, ZHANG Z F, YANG J, et al. Oral vaccination with Ts87 DNA vaccine delivered by attenuated *Salmonella typhimurium* elicits a protective immune response against *Trichinella spiralis* larval challenge [J]. Vaccine, 2010, 28(15): 2735-2742.

[25] XU J, BAI X, WANG L B, et al. Immune responses in mice vaccinated with a DNA vaccine expressing serine protease-like protein from the new-born larval stage of *Trichinella spiralis* [J]. Parasitology, 2017, 144 (6): 712-719.

[26] WANG N, WANG J Y, PAN T X, et al. Oral vaccination with attenuated *Salmonella* encoding the *Trichinella spiralis* 43-kDa protein elicits protective immunity in BALB/c mice [J]. Acta Tropica, 2021, 222: 106071.

[27] ZHANG N Z, LI W H, FU B Q. Vaccines against *Trichinella spiralis*: Progress, challenges and future prospects [J]. Transboundary and Emerging Diseases, 2018, 65(6): 1447-1458.

[28] FENG S, WU X P, WANG X L, et al. Vaccination of mice with an antigenic serine protease-like protein elicits a protective immune response against *Trichinella spiralis* infection [J]. The Journal of Parasitology, 2013,

99(3): 426-432.

[29] CUI J, REN H J, LIU R D, et al. Phage-displayed specific polypeptide antigens induce significant protective immunity against *Trichinella spiralis* infection in BALB/c mice [J]. Vaccine, 2013, 31(8): 1171-1177.

[30] GALEN J E, WANG J Y, CHINCHILLA M, et al. A new generation of stable, nonantibiotic, low-copy-number plasmids improves immune responses to foreign antigens in *Salmonella enterica* serovar Typhi live vectors [J]. Infection and Immunity Journal, 2010, 78: 337-347.

[31] CASTILLO ALVAREZ A M, VAQUERO-VERA A, FONSECA-LIÑÁN R, et al. A prime-boost vaccination of mice with attenuated *Salmonella* expressing a 30-mer peptide from the *Trichinella spiralis* gp43 antigen [J]. Veterinary Parasitology, 2013, 194(2-4): 202-206.

[32] PATHANGEY L, KOHLER J J, ISODA R, et al. Effect of expression level on immune responses to recombinant oral *Salmonella enterica* serovar Typhimurium vaccines [J]. Vaccine, 2009, 27(20): 2707-2711.

[33] LIU X D, WANG X L, BAI X, et al. Oral administration with attenuated *Salmonella* encoding a *Trichinella* cystatin-like protein elicited host immunity [J]. Experimental parasitology, 2014, 141: 1-11.

[34] POMPA-MERA E N, ARROYO-MATUS P, OCAÑA-MONDRAGÓN A, et al. Protective immunity against enteral stages of *Trichinella spiralis* elicited in mice by live attenuated *Salmonella* vaccine that secretes a 30-mer parasite epitope fused to the molecular adjuvant C3d-P28 [J]. Research in Veterinary Science, 2014, 97(3): 533-545.

[35] HALASSY B, VDOVIĆ V, HABJANEC L, et al. Effectiveness of novel PGM-containing incomplete Seppic adjuvants in rabbits [J]. Vaccine, 2007, 25(17): 3475-3481.

[36] YANG J, GU Y, YANG Y P, et al. *Trichinella spiralis*: immune response and protective immunity elicited by recombinant paramyosin formulated with different adjuvants [J]. Experimental Parasitology, 2010, 124 (4):

403-408.

[37] DEVILLE S, DE POOTER A, AUCOUTURIER J, et al. Influence of adjuvant formulation on the induced protection of mice immunized with total soluble antigen of *Trichinella spiralis* [J]. Veterinary Parasitology, 2005, 132(1-5): 75-80.

[38] ROS-MORENO R M, VÁZQUEZ-LÓPEZ C, GIMÉNEZ-PARDO C, et al. A study of proteases throughout the life cycle of *Trichinella spiralis* [J]. Folia parasitologica, 2000, 47(1): 49-54.

[39] TODOROVA V K, STOYANOV D I. Partial characterization of serine proteinases secreted by adult *Trichinella spiralis* [J]. Parasitology research, 2000, 86(8): 684-687.

[40] LIU M Y, WANG X L, FU B Q, et al. Identification of stage-specifically expressed genes of *Trichinella spiralis* by suppression subtractive hybridization [J]. Parasitology, 2007, 134(Pt 10): 1443-1455.

[41] WU X P, FU B Q, WANG X L, et al. Identification of antigenic genes in *Trichinella spiralis* by immunoscreening of cDNA libraries [J]. Veterinary Parasitology, 2009, 159(3-4): 272-275.

[42] GUPTA S, BHANDARI Y P, REDDY M V, et al. *Setaria cervi*: immunoprophylactic potential of glutathione-S-transferase against filarial parasite *Brugia malayi* [J]. Experimental Parasitology, 2005, 109(4): 252-255.

[43] ZHAN B, LIU S, PERALLY S, et al. Biochemical characterization and vaccine potential of a heme-binding glutathione transferase from the adult hookworm *Ancylostoma caninum* [J]. Infection and Immunity Journal, 2005, 73(10): 6903-6911.

[44] ZHAN B, PERALLY S, BROPHY P M, et al. Molecular cloning, biochemical characterization, and partial protective immunity of the heme-binding glutathione S-transferases from the human hookworm *Necator americanus* [J]. Infection and Immunity Journal, 2010, 78(4):

1552-1563.

[45] BOULANGER D, TROTTEIN F, MAUNY F, et al. Vaccination of goats against the trematode *Schistosoma bovis* with a recombinant homologous schistosome-derived glutathione S-transferase [J]. Parasite Immunology, 1994, 16(8): 399-406.

[46] CAPRON A, CAPRON M, DOMBROWICZ D, et al. Vaccine strategies against schistosomiasis: from concepts to clinical trials [J]. International Archives of Allergy and Immunology, 2001, 124(1-3): 9-15.

[47] HOTEZ P J, DIEMERT D, BACON K M, et al. The human hookworm vaccine [J]. Vaccine, 2013, 31(Suppl 2): B227-B232.

[48] LI L G, WANG Z Q, LIU R D, et al. *Trichinella spiralis*: low vaccine potential of glutathione S-transferase against infections in mice [J]. Acta Tropica, 2015, 146: 25-32.

[49] XU J, BAI X, WANG L B, et al. Influence of adjuvant formulation on inducing Immune response in mice immunized with a recombinant serpin from *Trichinella spiralis* [J]. Parasite Immunologyogy, 2017, 39(7): e12437.

[50] TAO T W, UHR J W. Primary-type antibody response in vitro [J]. Science, 1966, 151(3714): 1096-1098.

[51] COOPER N R. The classical complement pathway: activation and regulation of the first complement component [J]. Advances in Immunology, 1985, 37: 151-216.

[52] COUPER K N, PHILLIPS R S, BROMBACHER F, et al. Parasite-specific IgM plays a significant role in the protective immune response to asexual erythrocytic stage *Plasmodium chabaudi* AS infection [J]. Parasite Immunology, 2005, 27(5): 171-180.

[53] BONNE-ANNÉE S, HESS J A, ABRAHAM D. Innate and adaptive immunity to the nematode *Strongyloides stercoralis* in a mouse model [J]. Immunologic Research, 2011, 51(2-3): 205-214.

[54] RAJAN B, RAMALINGAM T, RAJAN T V. Critical role for IgM in host

protection in experimental filarial infection [J]. Journal of Immunology (Baltimore, Md. : 1950), 2005, 175(3): 1827-1833.

[55] CARTER T, SUMIYA M, REILLY K, et al. Mannose-binding lectin A-deficient mice have abrogated antigen-specific IgM responses and increased susceptibility to a nematode infection [J]. Journal of Immunology (Baltimore, Md. : 1950), 2007, 178(8): 5116-5123.

[56] EHRENSTEIN M R, O'KEEFE T L, DAVIES S L, et al. Targeted gene disruption reveals a role for natural secretory IgM in the maturation of the primary immune response [J]. Proceedings of the National Academy of Sciences of the United States of America, 1998, 95: 10089-10093.

[57] BOES M, ESAU C, FISCHER M B, et al. Enhanced B-1 cell development, but impaired IgG antibody responses in mice deficient in secreted IgM [J]. Journal of Immunology (Baltimore, Md. : 1950), 1998, 160(10): 4776-4787.

[58] OUCHIDA R, MORI H, HASE K, et al. Critical role of the IgM Fc receptor in IgM homeostasis, B-cell survival, and humoral immune responses [J]. Proceedings of the National Academy of Sciences of the United States of America, 2012, 109(40): E2699-2706.

[59] SÖRMAN A, ZHANG L, DING Z J, et al. How antibodies use complement to regulate antibody responses [J]. Molecular Immunology, 2014, 61(2): 79-88.

[60] HA T Y, REED N D, CROWLE P K. Delayed expulsion of adult *Trichinella spiralis* by mast cell-deficient W/Wv mice [J]. Infection and Immunity Journal, 1983, 41(1): 445-447.

[61] KHAN W I, VALLANCE B A, BLENNERHASSETT P A, et al. Critical role for signal transducer and activator of transcription factor 6 in mediating intestinal muscle hypercontractility and worm expulsion in *Trichinella spiralis*-infected mice [J]. Infection and Immunity Journal, 2001, 69(2): 838-844.

［62］ BEITING D P, GAGLIARDO L F, HESSE M, et al. Coordinated control of immunity to muscle stage *Trichinella spiralis* by IL-10, regulatory T cells, and TGF-beta ［J］. Journal of Immunology (Baltimore, Md. : 1950), 2007, 178(2): 1039-1047.

［63］ LI C K, KO R C. Inflammatory response during the muscle phase of *Trichinella spiralis* and *T. pseudospiralis* infections ［J］. Parasitology Research, 2001, 87(9): 708-714.

［64］ HELMBY H, GRENCIS R K. Contrasting roles for IL-10 in protective immunity to different life cycle stages of intestinal nematode parasites ［J］. European Journal of Immunology, 2003, 33(9): 2382-2390.

［65］ VILLALTA S A, DENG B, RINALDI C, et al. IFN-γ promotes muscle damage in the *mdx* mouse model of Duchenne muscular dystrophy by suppressing M2 macrophage activation and inhibiting muscle cell proliferation ［J］. Journal of Immunology (Baltimore, Md. : 1950), 2011, 187(10): 5419-5428.

［66］ JANG S I, LILLEHOJ H S, LEE S H, et al. Montanide IMS 1313 N VG PR nanoparticle adjuvant enhances antigen-specific immune responses to profilin following mucosal vaccination against *Eimeria acervulina* ［J］. Veterinary Parasitology, 2011, 182(2-4): 163-170.

［67］ GEUTHER E, RASCHKE A, WENDT M. Establishment of an immunological labelling of pigs using synthetic peptides ［J］. Deutsche Tierarztliche Wochenschrift, 2004, 111(6): 238-243.

［68］ MAGYAR T, DONKÓ T, KOVÁCS F. Atrophic rhinitis vaccine composition triggers different serological profiles that do not correlate with protection ［J］. Acta Veterinaria Hungarica, 2008, 56(1): 27-40.

［69］ DORNY P, PRAET N, DECKERS N, et al. Emerging food-borne parasites ［J］. Veterinary Parasitology, 2009, 163(3): 196-206.

［70］ GAJADHAR A A, SCANDRETT W B, FORBES L B. Overview of food- and water-borne zoonotic parasites at the farm level ［J］. Revue Scientifique et Technique-Office International des Epizooties, 2006, 25(2): 595-606.

[71] BIEN J, NÄREAHO A, VARMANEN P, et al. Comparative analysis of excretory – secretory antigens of *Trichinella spiralis* and *Trichinella britovi* muscle larvae by two-dimensional difference gel electrophoresis and immunoblotting [J]. Proteome Science, 2012, 10: 10.

[72] WANG L, CUI J, HU D D, et al. Identification of early diagnostic antigens from major excretory-secretory proteins of *Trichinella spiralis* muscle larvae using immunoproteomics [J]. Parasites & Vectors, 2014, 7: 40.

[73] HAWLEY J H, PEANASKY R J. Ascaris suum: are trypsin inhibitors involved in species specificity of *Ascarid nematodes*? [J]. Experimental Parasitology, 1992, 75(1): 112-118.

[74] JIN X, DENG L, LI H, et al. Identification and characterization of a serine protease inhibitor with two trypsin inhibitor-like domains from the human hookworm *Ancylostoma duodenale* [J]. Parasitology Research, 2011, 108 (2): 287-295.

[75] ZANG X, YAZDANBAKHSH M, JIANG H, et al. A novel serpin expressed by blood-borne microfilariae of the parasitic nematode Brugia malayi inhibits human neutrophil serine proteinases [J]. Blood, 1999, 94 (4): 1418-1428.

[76] FORD L, GUILIANO D B, OKSOV Y, et al. Characterization of a novel filarial serine protease inhibitor, *Ov*-SPI-1, from *Onchocerca volvulus*, with potential multifunctional roles during development of the parasite [J]. The Journal of Biological Chemistry, 2005, 280(49): 40845-40856.

[77] 唐斌. WN10蛋白生物学功能的研究及旋毛虫病免疫学检测方法的建立 [D]. 长春: 吉林大学, 2015.

[78] VASSILATIS D K, DESPOMMIER D D, POLVERE R I, et al. *Trichinella pseudospiralis* secretes a protein related to the *Trichinella spiralis* 43-kDa glycoprotein [J]. Molecular and Biochemical Parasitology, 1996, 78 (1-2): 25-31.

[79] VASSILATIS D K, POLVERE R I, DESPOMMIER D D, et al. Developmental expression of a 43-kDa secreted glycoprotein from *Trichinella spiralis* [J]. Molecular and Biochemical Parasitology, 1996, 78(1-2): 13-23.

[80] BOONMARS T, WU Z, NAGANO I, et al. What is the role of p53 during the cyst formation of *Trichinella spiralis*? A comparable study between knockout mice and wild type mice [J]. Parasitology, 2005, 131(Pt 5): 705-712.

[81] 孙磊. 旋毛虫期特异性基因转录及表达特性研究 [D]. 长春: 吉林大学, 2007.

[82] 韩彩霞, 路义鑫, 朱艳梅, 等. 旋毛虫 P53 ES 重组蛋白对小鼠的免疫保护作用 [J]. 中国预防兽医学报, 2010, 32(8): 619-621.

[83] 庞宇, 李巍, 韩彩霞, 等. 旋毛虫 p43 与 p53 核酸疫苗的构建及其免疫保护性 [J]. 中国兽医科学, 2013, 43(3): 310-314.

[84] 冯爽. 旋毛虫不同发育时期基因重组蛋白的免疫原性分析及保护性研究 [D]. 长春: 吉林大学, 2013.

[85] 庞宇. 旋毛虫 p43 与 p53 核酸疫苗的构建及免疫效果的研究 [D]. 哈尔滨: 东北农业大学, 2013.

[86] ROTHKÖTTER H J. Anatomical particularities of the porcine immune system—a physician's view [J]. Developmental & Comparative Immunology, 2009, 33(3): 267-272.

[87] BAILEY M, CHRISTOFORIDOU Z, LEWIS M C. The evolutionary basis for differences between the immune systems of man, mouse, pig and ruminants [J]. Veterinary Immunology and Immunopathology, 2013, 152(1-2): 13-19.

[88] 朱兴全, 龚学广, 薛富汉, 等. 旋毛虫病 [M]. 郑州: 河南科学技术出版社, 1993.

[89] BAI X, WU X P, WANG X L, et al. Regulation of cytokine expression in murine macrophages stimulated by excretory/secretory products from

Trichinella spiralis in vitro [J]. Molecular and Cellular Biochemistry, 2012, 360(1-2): 79-88.

[90] SONG Y N, XU J, WANG X L, et al. Regulation of host immune cells and cytokine production induced by *Trichinella spiralis* infection [J]. Parasite (Paris, France), 2019, 26: 74.

[91] JAVKAR T, HUGHES K R, SABLITZKY F, et al. Slow cycling intestinal stem cell and Paneth cell responses to Trichinella spiralis infection [J]. Parasitology International, 2020, 74: 101923.

[92] 于建立. 旋毛虫成虫丝氨酸蛋白酶对宿主免疫细胞影响的初步研究 [D]. 长春: 吉林大学, 2012.

[93] FALDUTO G H, VILA C C, SARACINO M P, et al. Trichinella spiralis: killing of newborn larvae by lung cells [J]. Parasitology Research, 2015, 114(2): 679-685.

[94] VENTURIELLO S M, GIAMBARTOLOMEI G H, COSTANTINO S N. Immune killing of newborn *Trichinella* larvae by human leucocytes [J]. Parasite Immunology, 1993, 15(10): 559-564.

[95] ZHANG Z X, MAO Y X, LI D, et al. High-level expression and characterization of two serine protease inhibitors from *Trichinella spiralis* [J]. Veterinary Parasitology, 2016, 219: 34-39.

[96] RAY C A, BLACK R A, KRONHEIM S R, et al. Viral inhibition of inflammation: cowpox virus encodes an inhibitor of the interleukin-1β converting enzyme [J]. Cell, 1992, 69(4): 597-604.

[97] KETTLE S, Alcamí A, KHANNA A, et al. Vaccinia virus serpin B13R (SPI-2) inhibits interleukin-1beta-converting enzyme and protects virus-infected cells from TNF- and Fas-mediated apoptosis, but does not prevent IL-1beta-induced fever [J]. The Journal of General Virology, 1997, 78 (Pt 3): 677-685.

[98] STASSENS P, BERGUM P W, GANSEMANS Y, et al. Anticoagulant repertoire of the hookworm *Ancylostoma caninum* [J]. Proceedings of the

National Academy of Sciences of the United States of America, 1996, 93 (5): 2149-2154.

[99] CRAWLEY A, RAYMOND C, WILKIE B N. Control of immunoglobulin isotype production by porcine B-cells cultured with cytokines [J]. Veterinary Immunology and Immunopathology, 2003, 91(2): 141-154.

[100] XU D X, BAI XUE, XU J, et al. The immune protection induced by a serine protease from the *Trichinella spiralis* adult against Trichinella spiralis infection in pigs [J]. PLoS Neglected Tropical Diseases, 2021, 15 (5): e0009408.

[101] BAI XUE, HU X X, LIU X L, et al. Current research of Trichinellosis in China [J]. Frontiers in Microbiology, 2017, 8: 1472.